拯救動物大作戰
大作戰 超 有愛！圖鑑

沼笠航／著　張東君／譯

遠流

在本書中登場的厲害動物!

超嗚哇!

初次見面,超級大家好!

對有些人來說,則是超久不見、超級久等了。

我是作者超級沼笠航……

……不,其實是普通沼笠航。

對於「等太久,以致把你的什麼都給忘光啦」的朋友,

難得您都已經忘記了,就請以**新鮮的初心**閱讀本書吧。

從我上次出版作品《不可思議的昆蟲 超 變態!圖鑑》,

已經過了數年,世界變化之大,不得不加上一個「超」字。

縱然如此,還是有不變之處,

那就是**世界各地「動物」的美妙……。**

變與不變的動物,把本書《 拯救動物大作戰 超有愛!圖鑑 》塞得超級滿,請各位超開心的閱讀到最後一頁吧!

嘞 啪

哇!

神田川璐

元氣十足的 ZooTuber，懷抱著超巨大的夢想，希望不斷上傳超厲害影片，成為地球上最受歡迎的超厲害網紅！

考拉小魔熊

簡稱小魔熊，是個長相酷似無尾熊的「天使」，卻充滿了謎團。外表非常可愛，內心卻想消滅人類……！？

鴨橋蕨

超級無敵動物迷，和冒失莽撞的小璐是超級好搭檔。天生行動不便，但能靈活操縱輪椅，還是可以自由活動！

和 3 人一起在有趣的世界中暢遊

請和這三個「人」（？）一起暢遊有趣的世界吧！
這本書是有「故事」的喔！
請務必搭配圖鑑一起閱讀，將個性不同、感情卻很好的兩人，
與充滿謎團的「天使」，在世界各地的冒險故事看到最後。
（漫畫閱讀順序請從左上往右下。）

6

樹上的毛茸茸
無尾熊

就是因為這樣，所以
「小璐和小蕨的愉快動物園頻道」
開播嘍！

今天要介紹的是，
分布於澳洲的有袋類動物！

今天的直播地點在
球武動物公園

嗅覺靈敏！
聞得出賴以維生
的尤加利樹葉。

就是
這個

嗅 嗅

眼睛仔細看起來
好像有點可怕？

爪子意外
銳利！

腹部有育兒袋
可育幼。

利用爪子爬樹
或抓緊樹枝。

無尾熊寶寶
好可愛！

據說無尾熊寶寶
沒抱緊媽媽就會
感到不安。

留言 9 則
- 開始了～
- 無尾熊篇真讓人期待
- 真的好可愛！！
- 小璐好活潑～
- 是球武動物園吧。以前很
  常去呢！
- 有熊寶寶太可愛的問題
- 小蕨老師，我是粉絲
- 我喜歡無尾熊的眼睛
- 聽得見叫聲嗎？

▶ ▶▌ 🔊— 串流直播中……

沒錯！
襲擊無尾熊的
危機就是……

恐怖的澳洲森林大火！

從 2019 年夏天起，
發生在澳洲的森林大火，
持續燃燒了半年左右。

燒掉的森林面積
相當於日本國土面積的一半左右，
有 17 萬平方公里！

澳洲

雪梨

墨爾本

由於發生這場
重大的火災，
有數萬隻無尾
熊燒死了咧！

因為無尾熊棲身的尤加利樹
燃燒的速度很快，
有很多無尾熊根本來不及
逃跑……。

數十億……

其實受害的不只有無尾熊。

據說有多達數十億的生物，
都受到這場大火的影響，
有的死亡，有的
受傷，或失去棲
息的地方……。

可是……為什麼火災
跟人類有關呢？

火災會那麼劇烈，
是因為「地球暖化」帶來
了重大的影響。

現在已經知道，
「人類活動」是引發地球暖化的重要原因。

人類的交通工具、工廠、發電廠等等，
排出了大量的二氧化碳（CO_2）等溫室氣體，
會造成溫室效應。

原本該排出的熱

卻留在地表

好熱啊……

當溫室氣體過度增加，
原本應該從地球釋放到太空
的熱會被保留在地表，
導致氣候劇烈改變。

這就是「地球暖化」，
已經對自然環境及動物造成
很大的影響……。

最高氣溫

49℃

炎 熱

小袋鼠
極度乾燥

森林火災是地球暖化引起的各種災害之一。
由於暖化現象，
澳洲遭遇到前所未有的炎熱夏天，
以及嚴重的乾旱。

大地因此愈來愈乾、愈來愈熱，
使得森林變得很容易燃燒！

地球暖化集合了燃燒的各種要件，
最後引發重大火災！

換句話說，襲擊無尾熊的
森林大火，追本溯源，都
是人類的錯咧！

驚！

目 錄

小蕨想看的動物清單

第 1 章　大地　精力充沛的各種動物 ……………… 21

鴨嘴獸 …………………………… 25
袋熊 ……………………………… 29
短尾矮袋鼠 ……………………… 31
兔耳袋狸 ………………………… 33
鴯鶓 ……………………………… 35
紅袋鼠 …………………………… 37
眼鏡凱門鱷 ……………………… 41
黑尾草原犬鼠 …………………… 43

給小看動物的人類的特別講座
永無止盡的演化戰爭
　加州地松鼠 VS 響尾蛇 ‥ 47

黠羊 ……………………………… 51
馬賽長頸鹿 ……………………… 53
犰狳環尾蜥 ……………………… 57
蛇鷲 ……………………………… 59
犀牛 ……………………………… 61
大東非鼴鼠 ……………………… 63

給充滿偏見的人類的特別講座
實際上哪邊比較強？
　鬣狗 VS 獅子 ………………… 67

和天敵共同生活！？

兔耳袋狸

依場合說話的動物？

犬鼠饒舌比賽

狼狼揍你喔，俺是草原犬鼠。閃邊去，你只是敗犬。

獅子和鬣狗的意外關係

承蒙轉讓好幸福

鞠躬～

拿去

漁貓 75
瑰色楓葉蛾 77
叉拍尾蜂鳥 79
食蟹猴 81
茶腹鳾 85
鴞鸚鵡 87
食火雞 91

給無針無刺的人類的特別講座
無敵的針有什麼天敵？！
刺蝟 **VS** 貛 93

河狸 97
幽靈蜘蛛 101
馬加平尾虎 103
黑狐猴 105
條紋馬島蝟 107
角鵰 109
印度跳蟻 111
狼 115

世界最危險的鳥？

食火雞

像忍者般躲藏的壁虎

馬加平尾虎

狼喜歡在一起「玩遊戲」！？

冰上大野狼

第**3**章

大海　充滿不可思議的奇蹟
°°°°°°°°°°°°°° 119

海獺 ···················· 123
真烏賊 ·················· 127
珊瑚 ···················· 131
鋸鱝 ···················· 135
蟬形齒指蝦蛄 ·········· 137
玫瑰毒鮋 ················ 139

給貪心人類的特別講座
從 Q&A 了解鰻魚現況
人類 VS 鰻魚 ········· 141

浪人鰺 ·················· 145
雙髻鯊 ·················· 147
白鯨 ···················· 151
緣邊海天牛 ············· 153
鬼蝠魟 ·················· 155
赤蠵龜 ·················· 159
大翅鯨 ·················· 163

發現多彩的鬼蝠魟

黑色和粉紅色！

還有普通色

第**4**章

動物與人類
連結與未來 °°°°°°°°°°°°°° 167

狗 ···················· 173
牛 ···················· 177
天竺鼠 ················ 181
黑背信天翁 ············ 183
蜜蜂 ·················· 187
黑猩猩 ················ 191
穿山甲 ················ 195
貓 ···················· 199

地球已經是貓的了！？

生存數量
500,000,000!!
家貓
獅子
20000
老虎
3000

本書閱讀方式

翻頁之後……

內容包括動物的基本資訊，以及相關話題或新聞。

接著會更詳細說明動物的相關情報，甚至會提供意外的知識喔……

介紹動物基本訊息及相關說明的短文。

 尺寸

動物一般的大小，會與熟悉的物品或場景放在一起做比較。

分類

代表動物在科學上的種類，類似的動物會歸在相同的種類裡。

食物

介紹動物主要吃些什麼。

分布

介紹動物主要的生活地區。

第 1 章

大地

精力充沛的各種動物

看啊！

找看看唷 !!

大地上，有各種動物
精力充沛的跑來跑去！！

地球陸地上廣布著草原、小河、沙漠，同時也是弱肉強食的世界。生物為了生存，體型大小、速度快慢、力量強弱、能力高低等，都是很重要的條件，必須把所有能力都使出來才行，更何況廣闊的陸地深受天候及氣溫的影響。縱然如此，動物們依舊不氣餒的使出全力和大地共存，讓我們來看看牠們的姿態！

詳情請見

第**33**頁

嘎啪

嗚哇！

如何逃離貓這種天敵……？

族群數量變得愈來愈少的兔耳袋狸，弱點是警戒心很低、容易被天敵盯上。為了克服這種缺點，有什麼策略可用……？

美麗的蛇鷲其實……

蛇鷲的眼睛周圍是紅色，頭上羽毛別具特色，但隱藏在美麗外表之下的生存技巧竟是……？

不停的踢！

嗚哇！

咻磅！

詳情請見

第**59**頁

詳情請見

第**47**頁

咻啪

咻啪

蛇和松鼠的戰鬥由來已久……？

沙漠裡的蛇與松鼠歷經多年戰鬥，彼此都演化了。不要錯過牠們的戰鬥與演化歷史！

鴨嘴獸

離奇的世間閃光！

新發現

鴨嘴獸會
在黑暗中
發光!?

▶ ▶ ⏭ 🔊　10:10/ 37:15

奇妙的身體
具有各種動物的特徵

澳洲特有的野生動物。外觀
非常不可思議，喙部及腳長
得像鴨子，身體具有水獺般
的毛，尾部扁平像河狸。以
水邊的小生物為食。

🔦 尺寸 40～60公尺

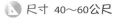

那是什麼？

鴨嘴獸最不可思議的地方
在於牠明明是哺乳類，
卻會「產卵」。

通常一次
產一或兩
顆蛋。

鴨
獺
狸
100

蛋大約 10 天孵化。

剛出生的小寶寶只有
2 公分左右。媽媽會
花三至四個月的時間
哺乳並照顧寶寶。

嘿 嘿

給我

不可思議的生態不只如此……!?

🐾 分類 哺乳類、鴨嘴獸科　　　🍴 食物 昆蟲、甲殼類等　　　📍 分布 澳洲

奇妙的光 鴨嘴獸

代表澳洲的奇妙動物！

毛皮 可防撥水、保溫能力強！

眼 耳 鼻

在水中會全部緊閉。視覺、聽覺、嗅覺都不太敏銳，可是……？

嗯嗯嗯……

那樣看得見嗎？

喙部

看起來像鳥類的喙，摸起來卻像橡膠一樣軟軟的。能偵測獵物釋出的電流。

在這！

嗚哇！

前腳

長有大大的蹼。行走時蹼會摺起來墊在腳下。

軟綿綿

鴨嘴獸和牠神祕的光輝

具有數種奇妙特徵的鴨嘴獸身上，還有更加不可思議的生態現象。

牠居然，會發光！

在黑暗中以紫外線照射鴨嘴獸，可看到牠們的毛皮發出青綠色的螢光。

霹

靂！

尾巴 不只是游泳時的「舵」，還能儲存脂肪，在食物不足時提供能量。

據說全身的脂肪有40％位在尾巴。

光澤 光澤 乾癟

賞口飯吧

根據尾巴的狀態，可判斷鴨嘴獸的健康情況。

孔 屎、尿、卵全都由名為「泄殖腔」的同一個孔洞排出。這也是「單孔類」名稱的由來。

後腳 有尖銳的爪子。雄性的腳跟長有「毒針」，在彼此爭鬥時使用。

咕哇！

鴨嘴獸的正確抓法

放開我！

抓住尾巴就不會被腳跟的毒針碰到，很安全⋯⋯

至於鴨嘴獸為什麼會發光，目前還不清楚原因⋯⋯

有人認為，牠們吸收紫外線後釋出藍綠光的行為，是一種「擬態」，可能用來欺騙看得見紫外線的掠食者，如鳥類、肉食性動物或大型魚類等。

在哪裡～？

嗄～

光的對話！？

ㄅ、ㄧ、ㄏ、ㄤ⋯⋯

鴨嘴獸這種動物超乎了人類的想像，牠們的「光」，是否也隱藏著我們意想不到的祕密呢⋯⋯？

能在黑暗中發光的動物，不只有鴨嘴獸！？

令人意外的，「生物螢光」
出現在許多動物身上。

狐蝠

袋獾

兔耳袋狸

袋熊

袋鼠
不發光
……

什麼嘛！

會發光跟不會發光的動物，差異究竟
在哪裡？謎團愈來愈深……

鴨嘴獸雖然充滿不可思議的光輝，但實際上，

現今數量早已大幅減少。

主要是因為氣候變化、土地開發、乾旱、森林
火災等，使鴨嘴獸棲息的河川受到嚴重危害。

甚至有預測認為，大約
四分之三的鴨嘴獸會在
50 年後消失……！

2021
↓
2071
咦？

在「鴨嘴獸小鎮」拉特羅布*，
人們致力守護著鴨嘴獸棲息的
森林與河川。

*這裡棲息著許多野生鴨嘴獸。

可能會餓死呢～

巨型鴨嘴獸

華拉威森林保護區

拉特羅布的居民與科學家合作，努力恢復
河川的水量，鴨嘴獸的數量才開始增加。

鴨嘴獸的未來仍是「前途莫測」，請不要
奪走希望之「光」啊……。

Zootube 大吃一驚!

袋熊

燃燒的森林中出現了英雄?

假的? 真的?

將森林的動物
從火災中救出?

▶ ▶▶ ◀◀ 10:10/ 37:15

身體圓滾滾的溫柔動物?

只分布於澳洲的有袋類動物。身體圓滾滾的,擅長挖洞。為了躲避日照及暑氣,白天在洞穴中度過。個性溫和,在草原及森林中生活,以植物為食。

尺寸 1公尺

好大!
沉甸甸⋯⋯
毛茸茸⋯⋯

澳洲森林大火之後,廣為流傳著一則不可思議的故事⋯⋯

往這邊走!

據說袋熊會誘導動物到自己的巢穴,拯救牠們不受火災危害。

假如這是真的,袋熊可真是「英雄」呢!

分類 哺乳類、袋熊科　　食物 草、根　　分布 澳洲

森林的英雄？
袋熊

屬於有袋類，具有育幼用的「袋子」。

袋子位在屁股的一側 ↙

小袋熊

巢穴的長度有的可達30公尺。

便便不知為何竟是方形的！

我來亂的

方糖 ↑

好像是因為腸子具有特殊的構造……

「袋熊會誘導動物到自己的巢穴，拯救牠們不受火災危害。」這個令人感動的傳說是真的嗎？

以結論來說，相當可疑。

万是那邊嗎？

嘻？

專家認為喜歡獨處的袋熊，不太可能會想要「拯救」其他動物。

此外，袋熊是近視，

所以應該很難「誘導」其他動物。

只不過這個故事也不是空穴來風。森林裡的動物會自由進出袋熊的巢穴。

所以發生火災時，應該真的有動物躲進袋熊的巢穴裡。

對這些動物來說，袋熊真的是「英雄」。

Zootube

大吃一驚！

短尾矮袋鼠

愉快的笑臉

總是笑容滿面

但笑容的
背後是……？

▶ ▸▸ ◂ ◼ ◼ 10:10/ 37:15

總是滿面笑容、
跳來跳去的小型袋鼠

澳洲特有的小型袋鼠，和無尾熊及袋鼠一樣都是有袋類動物，以腹部的袋子育幼。吃草和根等植物，很溫和、容易親近，許多觀光客都很喜歡和牠們一起拍照。

🏃 尺寸 40～50公分

由於看起來總是像在笑，所以被稱為「世界上最幸福的動物」！

HAPPY

SMILE

不過，也有不快樂的
現實存在……？

🏠 分類 哺乳類・袋鼠科　　🌿 食物 植物　　📍 分布 澳洲

31

笑容裡有陰影的
短尾矮袋鼠

像袋鼠那樣蹦蹦跳。

跳——

生活在澳洲的羅特尼斯島上。

寶寶住在媽媽腹部的育兒袋裡。

羅特尼斯原文的意思是「老鼠窩」。

老鼠!?

毛毛　吱吱

不是!

因為荷蘭的冒險家登陸這座島嶼時，把短尾矮袋鼠誤認為老鼠了。

每年有超過50萬人次的觀光客造訪羅特尼斯島，和看似微笑的短尾矮袋鼠合照。
短尾矮袋鼠不但不太怕人，還會主動靠近。
（但禁止觸摸喔！）

在可愛的「笑容」背後，短尾矮袋鼠其實面臨著嚴酷的現實。

由於棲息地遭到破壞、狩獵、狐狸等外來種入侵，以及氣候變化導致的火災或旱災，短尾矮袋鼠的數量正逐漸減少……！

現在野生族群的個體數僅有1萬4000隻。

絕不能讓「世界上最幸福的動物」的笑容（？）消失……

再難過
還是要笑……

可以哭喔～

32

兔耳袋狸

透過「恐怖」的學習來拯救所愛的動物

和**天敵**一起生活的原因？！

吞口水……

今天早餐要吃什麼？

我嗎……？

BB

▶ ▶| 🔊　10:10 / 37:15

具有兔子般長耳朵的有袋類動物

澳洲特有。每年復活節，澳洲人準備的節慶甜點並不是「復活節兔子」，而是廣受歡迎的「復活節兔耳袋狸」。這種動物會在地面挖洞築巢生活。雜食、個性溫和。

🐾 尺寸 20～56公分

長相介於兔子和老鼠之間，很可愛的小型動物。

由於遭到人類引入的貓和狐狸等動物獵捕，數量持續減少。

目前大概只有一萬隻。

有什麼辦法可以逆轉情勢，拯救兔耳袋狸呢？！

🔵 分類 哺乳類、兔袋狸科（小袋鼠科）　　🔵 食物 蟲、樹木果實　　🔵 分布 澳洲

恐怖的報酬
兔耳袋狸

最大的天敵是貓！

夜行性，生活在沙漠中。會以強而有力的前腳挖掘巢穴，最大可達3公尺。

挖 挖 挖 挖

吃蟲也吃果實，什麼都吃。

好吃 好吃

你好……

嘎啪

嗚哇！

兔耳袋狸不懂貓的可怕，完全無法應對，所以慘遭獵捕……

保護區

緊盯

緊張 緊張

人類絞盡腦汁得出的結論是……
一種逆向思考！

讓兔耳袋狸和貓咪一起生活，「學習」貓咪的可怕。

野生狀態

嗤？

好恐怖！

嘻

生存率
UP！！

保護區內採行「實驗性野生狀態」，讓兔耳袋狸和受管控的貓咪在一起生活。數年後，野放回自然的兔耳袋狸生存率提高非常多。

好恐怖呀

貓咪好恐怖

貓咪來了～

也許因為這項保育活動帶來成果，兔耳袋狸的野放進行得很順利。

2020年，在睽違超過100年後，科學家確認了兔耳袋狸的野外繁殖。這種動物的未來開始出現一線光明。

「恐怖」有時也能救命呢……

鴯鶓

人類與鳥類的無盡戰爭

激戰

1932

人鳥戰爭
為什麼會發生？

THE EMU WAR

10:10 / 3:15

很貪吃又不會飛的巨型鳥類

這種大型鳥類雖然和鴕鳥一樣不會飛，但跑步速度很快，最高時速可達 50 公里左右，而且體力非凡，能以 32 公里的時速持續奔跑約 40 分鐘。蛋為深綠色，約有人類手掌大。

尺寸 1.6～2公尺

兒苗湯

1929 年，全球經濟陷入大恐慌（極度不景氣）。澳洲農家生活非常辛苦，但雜食性且動作敏捷的鴯鶓，卻經常到農地覓食，把原本就已經變得稀少的作物吃個精光……

BOMB

於是……人們的怒氣終於爆發了！

分類 鳥類・鴯鶓科　　食物 昆蟲、果實等　　分布 澳洲

鳥類之戰 鴯鶓

地球上體型僅次於鴕鳥的澳洲巨鳥！

作物被鴯鶓吃光的民眾找上政府。

可藉此展示軍力……

長得有點像恐龍……

迅猛龍

哦？

翅膀非常小

咕哇！

於是國防部動員了武裝部隊……

1932 年「鴯鶓戰爭」開始！

軍隊埋伏在鴯鶓群附近，同步射擊！

砰砰砰砰砰砰

咚 咚 咚 咚

……但機關槍卻一一損壞，鴯鶓也一一暴走，作戰因而失敗。

此後，戰爭陷入困境，甚至被輿論批評為浪費公帑，一個月後就終戰了。可說是人類吃了「敗仗」。

鴯鶓與人類的戰爭最後落幕了。但到了 2020 年，據說發生過「鴯鶓戰爭」的那個州，小鎮上再度出現許多鴯鶓定居。這次是否能找到人鳥共存之道，避免巨鳥和人類之間再度發生戰爭呢？

咚 隆 咚 隆

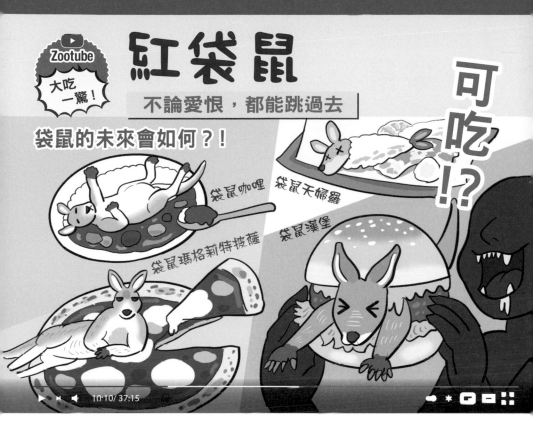

紅袋鼠

不論愛恨，都能跳過去

袋鼠的未來會如何？！

袋鼠咖哩

袋鼠天婦羅

袋鼠瑪格莉特披薩

袋鼠漢堡

可吃！？

10:10 / 37:15

澳洲的代表動物

袋鼠和牠們的同類只分布在澳洲及澳洲附近的島嶼上，是獨立演化出的大型草食動物。在腹部具有育兒袋可育幼的有袋類中，以紅袋鼠的體型為最大。袋鼠一般都是成群生活。

尺寸 1～1.6公尺

小心一點！

袋鼠是澳洲文化中不可欠缺的動物。

硬幣

國徽

鴯鶓

AUSTRALIA

在澳洲原住民文化中，也是很重要的存在。

一萬七千年前的壁畫

袋鼠可說是「一國的象徵」。

但牠和人類的關係，卻出乎意料的複雜……？

分類 哺乳類、袋鼠科　　食物 草　　分布 澳洲等地

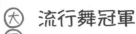
流行舞冠軍
紅袋鼠

強有力的後腳

單次跳躍可達 9 公尺遠。跳躍速度超過時速 50 公里！

大耳朵很靈敏！

兩耳可分別朝不同方向轉。

尾巴非常有力，甚至有「第五隻腳」的稱號。

可用來跳躍或步行

咚咚咚……

啾～～～

最強的技能是，以尾巴支撐身體的「雙腳踢」！

袋鼠寶寶在英文中也叫「喬伊」。

具有強健肉體的袋鼠，幾乎在澳洲的任何環境裡都適應良好。

從遍布砂礫的陸地到熱帶森林，都有牠們的蹤跡。

在海岸也有

袋鼠數量過多？

袋鼠雖然備受喜愛，但另一方面也常和人類發生衝突。

雄性有鋼鐵般的肌肉

牠們會偷吃作物……

還會造成交通事故……

另外，袋鼠的總數據說已經增加到 5000 萬！多達澳洲人口的「2 倍」！

因此袋鼠被視為「害獸」，撲殺的聲浪也隨之出現。

嗯？

鉤爪出乎意料的銳利

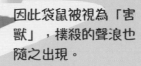

食用袋鼠肉的情況愈來愈多。

但由於袋鼠肉大多是肌肉，質地又硬又韌，並不是很受歡迎。

那就別吃！

雖然時有衝突，但人類對袋鼠的愛仍舊屹立不搖。
2019 年底發生森林大火時，袋鼠受到嚴重傷害，就有很多人表示哀傷。

能夠展現人類與動物奇妙關係的……就是袋鼠了。

袋鼠會和人類「溝通」，尋求幫助!?

某設施的研究

嗄？

關！

盒子怎麼
關著？
幫幫忙啊

首先，把食物放在盒
子裡再給袋鼠……

反覆給了幾次後，把
盒蓋關閉起來……

袋鼠會「請求」附近的
人幫忙打開蓋子！

HELP!

人們一直以為，只有狗、馬、山羊等馴養歷史悠久的動物，才會像這樣和人類溝通。但這個研究顯示，袋鼠具有高度認知能力。

其實，需要「幫助」的袋鼠非常多。

媽媽～

因為車禍而失去親袋鼠的袋鼠寶寶數量不斷攀升。森林大火造成的傷痕，直到現在也仍舊清晰可見。

有許多人對這些袋鼠伸出「援手」。

哭哭

為了讓袋鼠「孤兒」能夠處在類似母親育兒袋的環境裡，安心的生活，人們把牠們放入袋子裡飼養。

是媽媽喔～

目的是把牠們撫養到能夠獨立，將來可回歸野外……

好強壯的
肌肉

有六塊
肌呢

可以在肩
上扛著無
尾熊吧

肌肉發達

嗯

變壯了

袋鼠具有高度的溝通能力，甚至可能向人類「求助」，牠們的心聲能否被聽懂，就看人類了。

眼鏡凱門鱷

Zootube 大吃一驚！

深受蝴蝶歡迎的鱷魚眼中含有淚

蝴蝶為什麼成群聚集？！

大集合！

▶ ▶◀ 🔊 10:10 / 37:15

好像戴著眼鏡的小型鱷魚

生活在中南美洲河川、沼澤、湖泊裡的小型鱷魚，以魚和小動物為食。每次可產15至40顆蛋，並且會育幼。在鱷魚中算是比較溫和的種類，也有人飼養牠們當寵物。

📐 尺寸 1.5～2.5公尺

眼鏡仔同伴～

據說，蝴蝶看上的居然是鱷魚的「眼淚」！

吸 吸

這書真是「賺人熱淚」……

哭哭

一直死喀

死了100萬次的鱷魚

銷售突破100萬冊

給我熱淚！

隱藏在鱷魚淚中的謎團是……？

🏠 分類 爬蟲類・短吻鱷科　　🍴 食物 魚、小動物　　📍 分布 中南美洲

41

眼鏡的奧祕
眼鏡凱門鱷

主要生活在墨西哥南部至阿根廷北部的淡水中。

由於眼睛周圍看起來像是戴著眼鏡*，因此得名。

*眼部具有類似鏡框的形狀。

話說回來，鱷魚為什麼會流淚呢？

牠們並不是悲傷「哭泣」，而是因為眼角有個器官負責將體內的鈉排到體外，所以會發生類似「流淚」的現象。

人的眼淚也含有鈉，所以是鹹的。

給我鹽～
SALT

會「啜飲」動物淚水的，其實不只有蝴蝶，蚊子和蜂類等許多昆蟲也有這種行為。

住手

吸

你又沒損失

並沒有太多人知道，昆蟲會「喝」鱷魚等爬蟲類動物的淚水。

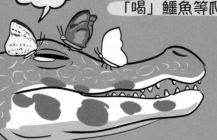

蝴蝶應該是為了補充礦物質（主要是鹽分），所以聚集在淚水附近。
因為鹽分是生存必要的元素，但蝴蝶喜歡的花蜜中卻幾乎不含鹽分。

附帶一提……不知為什麼，「鱷魚的眼淚」還有一個通行世界各地的涵意，那就是「假哭」。

雖然被說成騙子，但「鱷魚的眼淚」卻能夠「滋潤」蝴蝶的生活呢。

飯糰也太好吃了……

流淚

流淚

是真哭嗎？

黑尾草原犬鼠

在大草原中心大喊「糟糕」的動物

現在正有巨大鳥類，
快速伸出牠可怕的爪子！

警報

會用語言傳達
緊急訊息！？

實況

▶ ▶ 🔊 10:10/ 37.15

站在北美洲大草原上的「小犬」

由於叫聲像狗，所以名稱裡含有「草原狗」的意思。但牠們其實和松鼠及老鼠一樣是囓齒類動物，又名「土撥鼠」。群居在草原上的巢穴中，吃草和昆蟲等。

🐾 尺寸 30公分

你們哪來的？

DOG

叫聲是重要的溝通手段，
能夠傳至遠方。

天敵接近時，會發出「警報」叫聲，呼喚群體全員逃進巢穴裡躲藏。

宣布緊急狀態！！

嘰！

躲好了嗎？

咻！

當危險消失，再傳達「警報解除」的訊息。

牠們的叫聲是否隱藏著更多祕密……？

🌐 分類 哺乳類、松鼠科　　🍃 食物 草、昆蟲　　📍 分布 北美洲

歡迎光臨我們的小鎮
黑尾草原犬鼠

是五種草原犬鼠中最常見的一種。

白天在巢穴外吃草、根、種子等。

由一隻雄性跟數隻雌性及孩子一起組成家族，共同在巢穴中生活。

啾～

會親吻打招呼。

咬唷

根據嘴內的味道，確認彼此是否為同伴。

叫聲的祕密

草原犬鼠的天敵眾多！

金鵰

西方菱背響尾蛇

美洲獾

郊狼

針對不同的掠食者，必須有不同的因應對策⋯⋯

這時叫聲就很有幫助。

有金雕！ 好大！

速度好快！

天敵不同，使用的「聲音」也不同！

例如金雕出現時，還可詳細說明牠的大小、顏色、形狀及速度等。

廣大的巢穴有「小鎮」之稱，
犬鼠就在這些複雜的
隧道中生活。

典型的小鎮面積大約為
1.3平方公里。

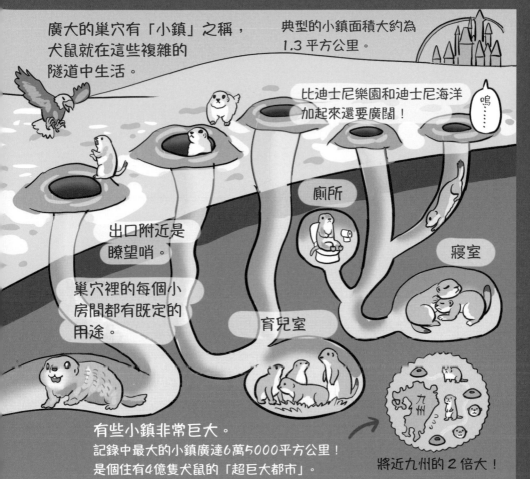

比迪士尼樂園和迪士尼海洋
加起來還要廣闊！

嗚……

廁所

寢室

出口附近是
瞭望哨。

巢穴裡的每個小
房間都有既定的
用途。

育兒室

九州

有些小鎮非常巨大。
記錄中最大的小鎮廣達6萬5000平方公里！
是個住有4億隻犬鼠的「超巨大都市」。

將近九州的2倍大！

據說，就算入侵者是人類，
牠們也能表達出「多大多小」、
「穿什麼顏色的衣服」、
「是否拿著槍」等意思。

發聲的方式或順序也能變化，
就像具有文法一樣。
還能針對新事物或新狀況，
創造新的單字組合。

有人！

黃色！

大耳朵

這不是耳朵啦！

犬鼠饒舌
比賽

狠狠揍你喔，
俺是草原犬
鼠。閃邊去，
你只是敗犬。

「語言」可能不是人類才有的專利……

「小鎮」屬於誰的？

巨大的「小鎮」巢穴中不只有草原犬鼠，就連貓頭鷹等其他動物也會加以利用！

有著複雜結構的「小鎮」，對各式各樣的動物來說，都是很舒適的棲息環境。

呼！呼！

五年屋

近車站

格局

廁所 浴室

廚房

寵物 OK!

出租

這地方可真不賴～

居然如此！

就連會捕食草原犬鼠的黃鼠狼和蛇，也會利用犬鼠的巢穴。

自然界胸襟之廣闊，真是不能小看……

跳躍式尖叫

這是草原犬鼠三不五時會展現的獨特行為。

跳

跳

跳

牠們會抬起兩隻前腳直直站立，一邊往上跳，一邊高聲的唧唧叫。

天敵離開後，大家會一起發出跳躍式尖叫，開心的跳來跳去。

永遠都是朋友喔✿

這種行為似乎是為了以共同行動來增強群體的關係。

有時甚至會因為跳得過於熱中而往後跌倒……

千萬要注意，不要過嗨唷。

砰咚！

啊啊

好想像那隻松鼠一樣優哉啊～

還活著

人類可是很忙的～

呼嚕～

想要「優哉」是嗎？

在你們這些懵懂活著的人類眼中，動物或許看來「優哉」，但其實是在「戰鬥」中演化出來的咧！

加州地松鼠 VS 響尾蛇

加州地松鼠最大的天敵是響尾蛇！

響尾蛇是兼具強烈毒性和敏銳度的可怕掠食者。

據說響尾蛇的食物有70%是小松鼠……

吃飯 吃飯

嗚哇！ 吃飯 吃飯

薩諾斯鼠

無限橡實

松鼠和響尾蛇因為骨肉而發生的「無限戰爭」，已經持續幾百萬年之久……

但也因為如此，松鼠不會乖乖成為蛇類的食物！

分類 爬蟲類、腹蛇科　　食物 小動物等　　分布 美洲大陸等

分類 哺乳類、松鼠科　　食物 種子、樹木果實等　　分布 美國等

松鼠「對抗響尾蛇」的祕密，就在尾巴！

當松鼠遇到響尾蛇，會把尾巴豎起來，迅速擺動。

響尾蛇具有可感知紅外線的特殊結構，叫做「窩器」。
藉由窩器，響尾蛇可「看見」溫暖的物體……

窩器

當松鼠面對強敵時，會把血液送往尾巴，

使尾巴的溫度急速提高。

（可上升2度左右！）

蛇眼中的世界

體溫上升

據說，
以紅外線進行偵測的蛇類，
會把這種急劇上升的溫度當做一種警告，
認為面對這種現象時，
「攻擊不會有什麼好下場」。

龍比毒還要強！

放棄捕食而逃走的蛇……

哎喲喂呀～～

哼！

蛇對「溫度上升」的反應，
可從仿生機器松鼠實驗中獲得證實。

科學家在松鼠布偶的尾巴中裝置
圓筒狀的加熱器，
用來控制松鼠尾部的溫度，
製作成仿生機器松鼠。

我其實是機器
松鼠唷……

竟然
如此！

← 被騙的蛇

實驗顯示，當機器松鼠尾部的加熱器運作，使溫度上升時，
蛇會明顯加強警戒。

另一方面，也有蛇克服了對高溫尾巴
的警戒，對松鼠發動攻擊……

但松鼠並沒有因此敗下陣來！

其中有些松鼠反過來啃咬響尾蛇，
甚至把蛇殺死了。
據說還有不怕蛇毒的松鼠誕生呢！

大口咬！

沒用的啦！

嗚哇！

大口咬！

嘎啪！

美國松鼠隊長

久等了

您哪位？

具有毒和具有超級熱能力的復仇者之間，
戰鬥究竟有沒有終結的一天……

「打劫」蛇的松鼠？！

松鼠一般都是奮力保護自己不受蛇的攻擊……
但居然也有會積極「攻擊」蛇的松鼠！？

松鼠並不是肉食動物，究竟是為什麼，
竟然特地找蛇爭鬥呢？

大口咬

嗚哇！

一般認為……那是為了

「偷蛇的氣味」！

有時松鼠會趁著蛇蛻皮後，咬走蛇皮，
並把蛇皮上的氣味抹在自己身上，
藉著「模擬」蛇的氣味來保護自己。

那個可惡傢伙的皮……

蹭 蹭

好可怕

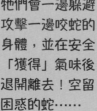

什麼？
是蛇嘛……

松鼠有時也會直接從活蛇
身上奪取「氣味」！

牠們會一邊躲避
攻擊一邊咬蛇的
身體，並在安全
「獲得」氣味後
退開離去！空留
困惑的蛇……

怎麼回事？

啾啪

啾啪

退！！

任務：
取得
大蛇鱗片！

讓它掉
下來……

即使冒著和毒蛇戰鬥的危
險，也要確實取得防禦手
段，松鼠真是強勢呀！

為了存活，有時必須有使用
「松鼠力」的覺悟。

羱羊

挑戰垂直高度的極限！！

垂直的峭壁

山羊到底在這裡做什麼？！

10:10 / 37:15

把斷崖絕壁當成小菜一碟的歐洲山羊

羱羊是棲息在阿爾卑斯山脈的山羊，這片山脈橫跨義大利、法國等歐洲國家。雖然是植食性的山羊，卻不知為什麼現身在寸草不生、幾乎垂直的水壩壁面上攀爬。

尺寸 50～105公分

阿爾卑斯山脈附近的義大利水壩

水壩壁面高 50 公尺

!?

到底為什麼要冒這麼大的危險呢？

景色真好咩～

JR 新宿

分類 哺乳類、牛科　　食物 草　　分布 阿爾卑斯山脈

51

嘎啦嘎啦咚咚
羱羊

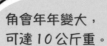

棲息在阿爾卑斯山附近的山羊！

大型的角是最明顯的特徵。

也叫阿爾卑斯羱羊。

在標高數千公尺的高山上吃草。

角會年年變大，可達10公斤重。

好像很重

雌　　雄

空氣和草都好好咩～

「蹄」是軟的，分成兩半，就連小小的突起都能緊緊抓住，即使攀爬在陡峭斜坡上也不會滑落。

是天生的登山好手。

從中世紀起，羱羊角開始被視為藥材而備受珍視，使羱羊持續遭到獵捕，最後從瑞士消失。

多虧保育活動，羱羊才又在瑞士出現！

就連危險的水壩都要爬上去的羱羊，到底在追求什麼？

答案是「鹽」！

鹽不夠咩～

那麼好吃嗎？

舔舔

光吃草，鹽分等礦物質會不足。這時，水壩的壁面就成了「鹽場」。

為了舔食從水壩壁面滲出的鹽分，羱羊迫不得已，只好挑戰其他動物辦不到的「攀岩」活動！

危險的斷崖絕壁對羱羊來說，可是營養滿分的「獎勵關卡」呢！

叮咚　　　　鹽幣

馬賽長頸鹿

像雲一般高，像雪一般夢幻

美麗又悲傷

身為白色長頸鹿
的悲劇

`▶ ▶ ▶ ◀` 10:10 / 37:15

和坦尚尼亞的長頸鹿是同類

長頸鹿生活在非洲的莽原，以樹葉和草為食物，其中一種為馬賽長頸鹿，特徵為茶色斑紋具有鋸齒狀的邊緣。2016 年人們發現全身白色的「白變種馬賽長頸鹿」。

🦒 尺寸 4～5公尺

各種動物都會出現「白變種」，這是一種基因變異現象，但鮮少發生在長頸鹿身上。

白色長頸鹿聖潔的模樣被拍成影片，在網路上廣為流傳，全世界動物迷都為之讚歎。

但等在前方的，卻是料不到的悲劇……

🏠 分類 哺乳類、長頸鹿科　　🍃 食物 樹葉、草等　　📍 分布 非洲

草原上的摩天樓
馬賽長頸鹿

長頸鹿的一個亞種，在莽原上過著群體生活。

長頸鹿的斑紋一般會形成網狀。

歷經長達 700 萬年的演化，長頸鹿才擁有能夠支撐「動物中最高高度」的巨大身體。

長脖子中分布著可伸縮自如的血管網。

七塊頸椎 →

強力的韌帶 →

可自由活動的頸部

突然抬頭也不會貧血……

急速低頭，血液也不會一股腦流進腦袋。

茶色斑塊下聚集著血管及汗腺*，扮演「冷卻劑」的角色，可散熱調節體溫。

＊排汗的器官

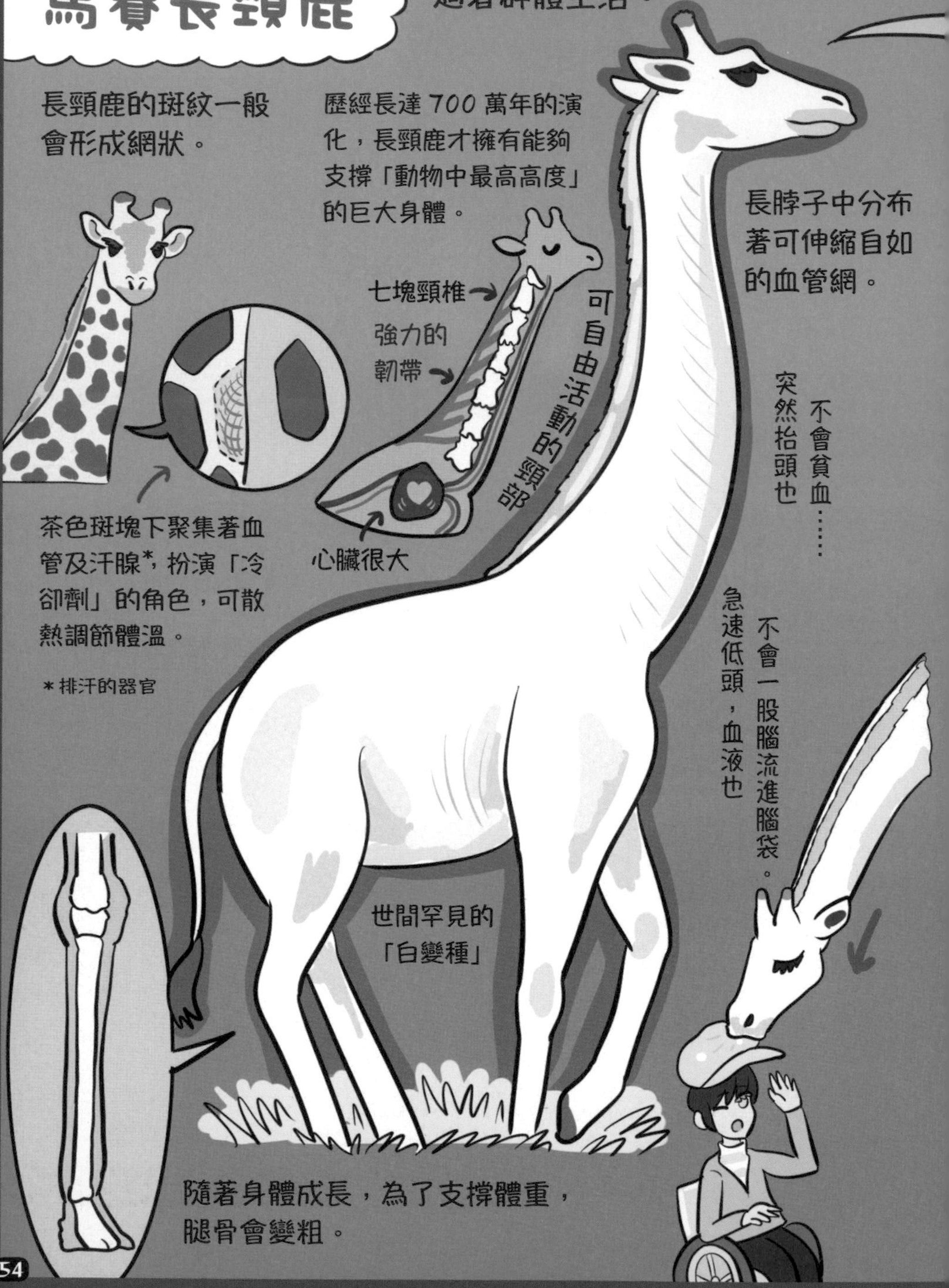

心臟很大

世間罕見的「白變種」

隨著身體成長，為了支撐體重，腿骨會變粗。

長頸鹿 的臉

舌頭長度 達50公分！

角是由皮膚包覆的骨頭。
仔細觀察會發現，長頸鹿
共有「五根」角。

長長的睫毛能夠遮
擋強烈日照。

大鼻孔似乎是
為了冷卻血液和腦部。

白色長頸鹿是生命的奇蹟。

但在 2020 年 3 月……
發生了慘劇。

已確認的三隻白色長頸鹿之中，

居然有兩隻（親子）遭
盜獵者殺害……！

全世界的動物迷都陷入悲傷之中……。

為了保護最後一隻白色長頸鹿不受盜獵者危害，
肯亞的自然保育團體在牠的角上
安裝了 GPS 追蹤器，
每小時發送一次所在位置，
做為守護長頸鹿不受危害的利器。
馬賽長頸鹿是數量最多的長頸鹿，
即使如此，跟 30 年前相比，
數量仍減少了一半左右。

牠們現在已經被列為瀕危物種。

純白色的長頸鹿成為人類無
止盡慾望的犧牲品，
但牠的樣貌至少得永遠留在
人類記憶中才行……。

目前已確認有不少物種都具有白變種。

孟加拉虎
（白老虎）

白頭海鵰

獅子

河馬

美洲獅

附帶說明……

企鵝

白變種動物雖然全身大都是白色，但其實能製造黑色素，所以大多數的身上會有一部分具有顏色。

別稱「白子」的白化症則無法製造黑色素，兩者並不相同。

白子的瞳孔是紅色

殺死「奇蹟長頸鹿」……可說是人類殘虐與愚蠢表現的極致！！

在○○發現超稀有鳥類！

○○呀……

嗯嗯

那是少數壞蛋做的。

專門對珍稀生物下手的壞人，可能在社群網站或影片上尋找目標。

所以發現稀有生物時，「不說出具體的棲息地」是很重要的事。

話說回來

盜獵者會發現奇蹟長頸鹿，不也是因為網路上的影片嗎？

嗚～

這真是在Zootuber的心上刺一把刀啊……

刺

在對觀眾講嗎？

記記

犰狳環尾蜥

刺刺的、圓圓的

具有全方位防禦

好……好球!?

但**弱點**還是存在？

▶ ⏭ 🔊　10:10/ 37:15

具有類似犰狳盔甲的蜥蜴

生活在南非的沙漠或岩石多的地區，外觀看起來很像恐龍中的甲龍。以少數個體成群生活。特徵是遭遇敵人攻擊時，會以刺刺的鱗片自保。以白蟻等昆蟲為食。

🦎 尺寸 20公分

好帥的盔甲

甲龍

犰狳環尾蜥的「盔甲」具有優秀的防禦力。

此外，牠的盔甲也是擬態的要件。

讓牠看起來既像砂，也像岩石。

🏛 分類 爬蟲類、環尾蜥科　　🍃 食物 小型昆蟲　　📍 分布 南非

蛇鷲

既美麗又暴力

高速飛踢!!

美麗鷹鷲的必殺技!!

▶ ▶I 🔊   10:10/ 37:15   ♡ ✳ 💬 ➖ ⊞

美麗與凶猛兼備的大型鷹鷲

棲息在非洲莽原的大型肉食性鳥類。以昆蟲及小型哺乳類等為食，也會吃蛇，正如其名。頭部冠羽如同箭尾的羽毛，所以學名帶有「射手」的意思。

🏷 尺寸 1.3公尺

具有世間少有的優美外觀。稱呼牠們為「世界最美之鳥」的呼聲也很高。

特徵是纖細的長腿！

腳上覆蓋著堅硬的鱗片。

稱得上「鳥界蒙娜麗莎」，但也具有可怕一面……？

完全不懂……

咬～

🌐 分類 鳥類、蛇鷲科   🔵 食物 昆蟲、爬蟲類等   📍 分布 非洲

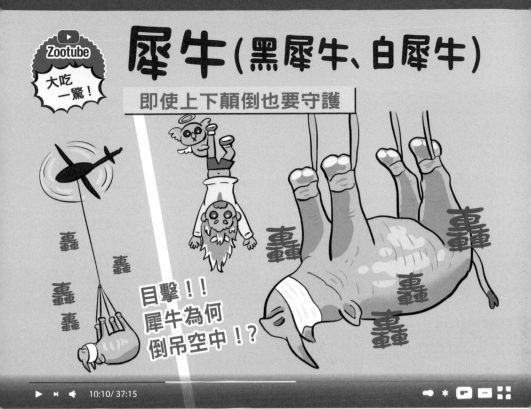

犀牛（黑犀牛、白犀牛）

即使上下顛倒也要守護

目擊！！
犀牛為何
倒吊空中！？

▶ ▶ ▮ 🔊　10:10/ 37:15

非洲草原上
長著角的巨大動物

白犀牛和黑犀牛有著巨大的身體，卻是個性溫和的植食性動物。但感受到危險或要保護小犀牛時，可能用角進行反擊。白犀牛的體型較大，是最大的犀牛。

🦏 尺寸 4公尺（白犀牛）、
　　　 3公尺（黑犀牛）

最喜歡野菜♡

前端的角

白犀牛和黑犀牛都是灰色。

黑犀牛
尖尖的口部

白犀牛
方方的口部

非洲的犀牛每年人約有 1000 頭死於非法盜獵，數量龐大，這是因爲犀牛角價格高昂，吸引許多人覬覦。

為了拯救犀牛，
人類有什麼「驚奇」的祕技呢？

#100000

🏠 分類 哺乳類、犀牛科　　　🍃 食物 草、矮樹的葉子　　　📍 分布 非洲

溫柔的大角
白犀牛

犀牛的角由角質構成。

這是一種蛋白質。人類的毛髮和指甲也是由角質構成。

和犀牛角的材質一樣⋯⋯

嘿嘿

喂！

別聞啦～

犀牛角可說是由大量的毛髮聚集濃縮在一起而成⋯⋯

今天想怎麼弄？

兩邊往上剃⋯⋯

成熟的角長度可達 1.5 公尺

厚實的皮膚厚達2公分

轟 轟 轟 轟

遮住眼睛免得犀牛害怕。

莽原的天空中出現了倒吊的犀牛！

畫面雖然很超現實，但對瀕危的犀牛來說，卻是攸關生死存活的重大任務！

這是為了把犀牛移往安全的場所，讓牠們不致遭遇盜獵。

但為什麼要倒吊犀牛呢？

其實是為了犀牛的「健康」。

和正吊比起來，犀牛倒吊時呼吸比較順暢，血流狀態也比較好。

順暢

轟 轟 轟 轟 轟

即將空投⋯⋯

萬一投我

雖然這項「空運任務」耗費龐大的勞力和經費，但為了保護犀牛的生命和健康，這項戰鬥至今仍持續進行中。

大東非鼴鼠

和可靠的傢伙合作而存活下來！！

手無寸鐵的鼠類學會了

打鼠遊戲

生存策略

▶ ▶❙ ❙◀ 🔊 ─ 10:10/ 37:15

在地下生活的大頭鼠

只分布在非洲衣索匹亞高地的植食性鼠類。會以短短的腳挖掘洞穴，像鼴鼠般在地底下生活。由於以地底生活為主，眼睛已經退化，視力很差。

📐 尺寸 21公分

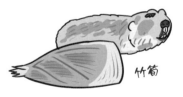

竹筍

頭很大的非洲鼴鼠。
英文名為 *Big-headed African mole-rat*，獨特的長相讓人印象深刻……

據說早在三萬年前，在非洲高地生活的狩獵採集民族，就以牠們做為美味的食物了。

不過也正因為這樣的美味，所以招致了「危險」!?

 分類 哺乳類、鼴形鼠科　🌿 食物 草、根等　📍 分布 衣索匹亞

我們能吃嗎？
大東非鼴鼠

基本上生活在地底……

咻

但清晨和黃昏時，會從
洞穴裡出來……

喀滋！

啃食周圍的草……

嗞
嗞

再急忙退回洞穴！

……

只生活在衣索匹
亞海拔 3000 公
尺以上的高地。

由於體型飽滿，
是衣索匹亞狼喜歡獵捕
的動物。

嗅

喀滋……

視力很弱、
聽力很差。

在地面上是
最好的獵物。

嗚哇！

嘎噗

雖然大東非鼴鼠毫無防備，

卻意外擁有

「可靠的夥伴」!?

64

大東非鼴鼠具有可靠的
「保全人員」……

牠們的名字是山岩鶲。

平常，山岩鶲會飛到大東非鼴
鼠挖掘出來的土壤附近，撿拾
蟲子食用……

我來了～

一旦有狼靠近……

靜悄悄

牠們會大聲鳴叫！

嗶唧——！
（狼來了喔）

鼴鼠會立刻避退！

咻—

這也是
工作啊

因此大東非鼴鼠能夠安心從
洞穴裡出來吃草……

狼一點都不可怕～♪

還是得
怕一下吧！

山岩鶲能確保食物來源。

當這種「雙贏」的狀況成立，不同物種的動物之間，
就能保持彼此合作的關係。

嗶唧

不是一直
警告嗎？

嗚哇！

不過大東非鼴鼠聽力不好，
不一定能收到警告……

雖然如此，多虧了山岩鶲，
大東非鼴鼠和「世界最稀少的犬科動物」、
僅剩500隻左右的衣索匹亞狼
彼此之間的生態運作關係，
才能夠繼續下去。

要跳了喔！？世界各地的奇妙鼠輩

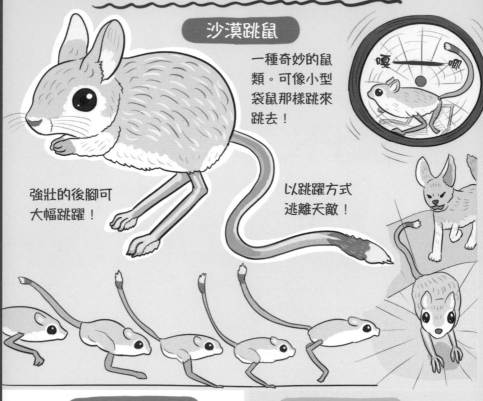

沙漠跳鼠

一種奇妙的鼠類。可像小型袋鼠那樣跳來跳去！

強壯的後腳可大幅跳躍！

以跳躍方式逃離天敵！

小號角跳鼠

世界最小型的老鼠之一。

比拾圓硬幣還小。

四腳朝天的姿勢。

沒有死喔（睡覺而已）

長耳跳鼠

生長在蒙古及中國沙漠。

以大型耳朵幫助身體散熱。

好熱

從高山到沙漠……鼠類的生態非常多樣。

承蒙轉讓 鞠躬～

拿去

鬣狗給人一種小氣的印象呢～

吃獅子「吃剩的」呀……

咦？

那是偏見咧！

鬣狗 **VS** 獅子

路過的胡狼

「偷走獅子獵物的卑鄙傢伙」……
像這樣的「鬣狗形象」，
其實大都是人類編造出來的……

咕嘻嘻嘻～

我們來負面宣傳

有調查結果顯示，在真實狀況中，
獅子搶奪鬣狗獵物的現象還比較多！

為了「吃」而不擇手段，
在自然界是理所當然的……

認為只有鬣狗這種動物會採取
這種「狡猾」的行為，是過於
誇張的說法。

這樣才能生生不息呀

	分類 哺乳類、貓科	食物 小至中型動物等	分布 美洲
	分類 哺乳類、鬣狗科	食物 小至中型動物等	分布 美洲

沒錯，鬣狗一直都是狩獵者！

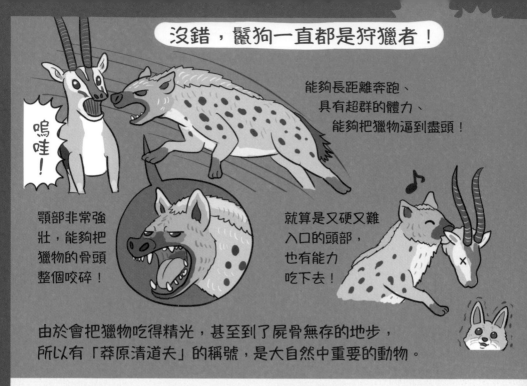

嗚哇！

能夠長距離奔跑、
具有超群的體力、
能夠把獵物逼到盡頭！

顎部非常強壯，能夠把獵物的骨頭整個咬碎！

就算是又硬又難入口的頭部，也有能力吃下去！

由於會把獵物吃得精光，甚至到了屍骨無存的地步，
所以有「莽原清道夫」的稱號，是大自然中重要的動物。

鬣狗被視為「建構了世界上最複雜社會的肉食動物」，
鬣狗群的規模相當大，有時多達80隻！

率領群體的領袖是雌性！

大家好啊

♀

♂

阿姐～

♂

鬣狗群具有嚴格的秩序，為了維持群體運作，
彼此之間必須經常相互問候……

位階較低的個體
會嗅聞較高位階
個體的性器。

請容我失禮了

嗯

♀

♀

嗯？

臉紅！

小知識
雌性鬣狗的性器
長得長而突出，
就像雄性的一樣。

鬣狗是重視溝通且聰明的
肉食動物。

牠們最大的競爭對手果然還是獅子！

鬣狗具有超群的「狩獵」能力，
卻面臨強大的競爭對手⋯⋯

獅子擁有強韌的身體與力量，一對一的話，
鬣狗是沒辦法贏的⋯⋯

但假如活用溝通能力，集體行動，
鬣狗就有機會贏過獅子！

嘎嚕嚕嚕

嗚哇！

嗚

嗚 嗚 嗚 嗚

也曾有鬣狗堂堂的
殺死獅子，
把獅子頭部帶走！

DEATH

嗚哇！

把頭留下

喂！

鬣狗
女王

看啊！

嘿喲嘿呀
嘿喲喝呀
嘿吧吧

快放下

常被視為壞蛋的鬣狗，
具有超群能力及引人入勝的生態，
該是重新檢視牠們的時候了。

跟我無關

← 無關的路人
胡狼

恐怖！成為獅子「最想吃」的鬣狗！？

有研究居然發現，
某些鬣狗會主動靠近獅子，

「讓自己被吃掉」！

把我
吃我♥
吃掉吧

弓漿蟲
孢質
孢質
很危險喔
未受感染
受感染
漸……
啾～
近
食物送上
門了……

原因是牠們體內有名為
「弓漿蟲」的寄生蟲。

受感染的斑點鬣狗被獅子殺死
的機率，高達一般的四倍。

特別是一歲的小鬣狗，
牠們受到弓漿蟲感染之後，
會主動接近獅子，
導致被獵捕的危險增高。

弓漿蟲的「目標」其實是貓科動物。

為了達到目的，弓漿蟲會操縱寄主的「心」！
例如讓老鼠變得魯莽而被貓「吃掉」，
以便自己能寄生在貓的體內。

但鬣狗和獅子之間的這種行為，
是第一次在大型哺乳類身上觀察到
類似的現象。

貓大人
吃我吧♪
喔耶！
你那麼想被
吃掉喵……
嘎嘰
那就謝啦……

可愛到讓
我想吃掉♥
喔
喔喔
喔喔
喔
乃是「想被吃掉」喵？

附帶一提，人類也可能成為
弓漿蟲的「中間宿主」……

據說世界上竟然有三分之一的人口
受感染呢！

寄生蟲的戰略真是深不可測啊！

森林
聰明度日的大小傢伙

探索看看唷!!

真的像作夢一樣！

超級開心的呢！

這樣一來，可以了無遺憾的迎接滅絕了……

就說迎接滅絕很糟啦！

我知道唷。所以才會像這樣到這裡來呀！

接下來，前往下一個舞台！

全部吃光

愉快動物園頻道……要到森林深處去看看嘍！

在森林之中，只要擁有智慧就能存活！！

森林中有許多植物和果實，吸引了眾多想吃這些東西的植食性動物在此生活，而想吃植食性動物的肉食動物，也會跟著湊過來，因此森林會吸引各式各樣的動物聚集。森林同時提供許多藏身場所，動物即使不擅長競爭，只要努力動腦筋就能生存。來看看在其中巧妙生活的動物吧！

詳情請見
第**107**頁

動物雖小卻有驚人技能

馬島蝟體型小，容易被肉食動物盯上，但牠們活用身體特徵使出特技，巧妙的在森林中存活。

啃咬木頭的河狸其實……

河狸會啃咬木頭，築巢生活。有人可能因為樹木倒塌，認為河狸破壞了森林環境……但其實森林反而是被河狸保護著！？

詳情請見
第**97**頁

很強的傢伙也有弱點……

角鵰是森林中位居生態系頂點的肉食性大型鳥類，但就連這樣的角色，也有無法應付的對象……？

詳情請見 第**109**頁

適應水世界
奇怪的貓科動物

生活在東南亞等地、河川遍布的區域。「漁貓」正如其名，會漁獵，會潛入水中捕食魚類、蛙類、螯蝦等等生物。有時也會在陸地上獵捕老鼠等。

🐾 尺寸 80公分

生活在印度和東南亞的沼澤，或紅樹林等水量豐沛的地區！

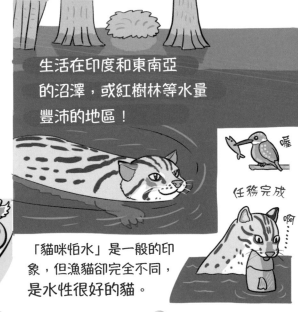

滑水道

「貓咪怕水」是一般的印象，但漁貓卻完全不同，是水性很好的貓。

🐾 分類 哺乳類・貓科　　🐟 食物 魚、水中生物等　　📍 分布 東南亞等

水花四濺的貓！
漁貓

能在水中捕魚，
是擅長游泳的貓！

英文名為 Fishing cat

天才
小釣手
喵平

體格比家貓壯碩

耳朵後面
有白斑

粗短的尾部

爪子無法收起，
這在貓科動物
中很少見。

銳利的爪子
有助於在水中
捕獵。

除了吃魚，也吃貝類或
小動物等，什麼都吃。

有時也獵捕雁鴨。

咕哇！

兄
弟

幫你抓!!

漁貓出生後不久，即使還很年幼，
就已經開始練習在水中狩獵。
只不過一開始不一定
很順利……

別介意喵

嘖？

水草

哭哭

由於可棲息的濕地急速減少，漁貓現在
已經成為瀕危物種。

這些「水貓」生活的環境，一定
要守住才行……

76

Zootube 大吃一驚！

瑰色楓葉蛾

時尚、鮮豔、像甜點！?

草莓加布丁？

色彩鮮豔的祕密是……!?

▶ ▶ ▶ 🔊 13:17 / 37:15

像甜點般誘人的粉紅色蛾

生活在加拿大和美國北部，外表很醒目。幼蟲以楓樹等的樹葉為食，為期數個月。雖然成蟲的外觀非常鮮豔醒目，但幼蟲和其他蛾類的一樣，是一般的綠色。

📏 尺寸 3～5公分

體型最小的蠶蛾

這種鮮豔的蛾，有一天突然在社群媒體上爆紅！

我發現這樣的蛾!!
🔄 7 萬
❤️ 50 萬

這是啥？
不會太花俏嗎？
神奇寶貝？

毛茸茸的身體及花俏的顏色，簡直像布偶一樣。

哪裡有賣？
自己做心
蛾偶

為什麼牠的顏色會這麼可愛……？

🔄 分類 昆蟲・天蠶蛾科　　🍃 食物 楓葉　　📍 分布 加拿大、美國北部

毛茸茸的蛾
瑰色楓葉蛾

雄性以長觸角偵測雌性釋出的費洛蒙。

英文名為 Rosy maple moth（玫瑰色的楓葉蛾）

楓糖漿

討厭

黏糊糊

就像牠的名字所指的一樣，不論進食或繁殖都會利用楓樹。

雌性在葉片背面產卵……

幼蟲吃楓樹的葉子。

變為成蟲後，和其他天蠶蛾一樣，口部退化，沒辦法吃東西……

沒關係

我在斷食……

短暫的生命只維持幾週。

我們都

有毒!!

我除外

有人認為牠們超醒目的顏色，是在警告天敵「吃了會中毒」!

嗚哇!

但其實沒毒，鳥類可毫不在乎的吃掉牠們。

時尚的外表，或許是牠們撐過自然界嚴酷考驗的證明。

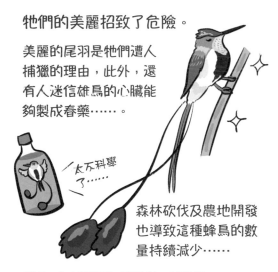

叉拍尾蜂鳥

很長很長很長的愛

作見之初彷彿身受雷殛……

謳歌愛意
長尾的蜂鳥

汝眼如翡翠發光，我心為之飛舞……

初次相會不過是開始……

……

也太長了

♀

待續……

▶ ▶| ⏭ 🔊 　　13:17 / 37:15

以美麗長尾
進行展示的蜂鳥

生活在南美洲祕魯安地斯山脈的熱帶雨林中。雖然身體很小，但雄性美麗的尾羽長度為體長的三至四倍。能夠一邊在空中懸停飛行，一邊舔食花蜜。

📏 尺寸 15～17公分（含尾羽）

牠們的美麗招致了危險。

美麗的尾羽是牠們遭人捕獵的理由，此外，還有人迷信雄鳥的心臟能夠製成春藥……。

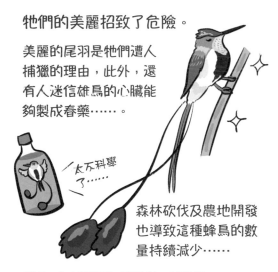

太不科學了……

森林砍伐及農地開發也導致這種蜂鳥的數量持續減少……

鳥和人都深受吸引的「尾羽」有什麼祕密？

🔄 分類 鳥類、蜂鳥科　　　🍴 食物 花蜜　　　📍 分布 祕魯

Zootube
驚人技能！

79

有兩支長尾羽。尾羽末端膨大，像是大型的拍子。

舌頭能伸得很長，每秒最多可以舔13次花蜜。

能夠自由操控尾羽，做出不同的姿態。

雙拍戰法！

和其他蜂鳥一樣很擅長懸停飛行。啪 啪 啪 啪 啪

♀ 是怎樣？

雌性的尾部沒有長尾羽。

雄性會擺動尾羽的雙拍，以華麗的舞蹈向雌性求愛！

好喜歡！ 喜歡 喜歡 喜歡 喜歡 喜歡

但不論舞蹈跳得多麼華麗，卻不一定保證進展順利……

下次再說吧

真是寂寞的夜晚……

嗚咽

長長如此夜，唯恐又獨眠。*
鬱鬱深林中，山鳥曳尾長，

柿本人麿

想像中知名和歌誕生的瞬間……（亂說的）

*日本《百人一首》和歌的中式詩詞翻譯。原意為「好比山鳥長而下垂的尾巴，今夜大概得獨自睡了吧」。

食蟹猴

驚人技能！

想拿回手機就用螃蟹來贖？！

會偷取人類物品……

進行交易？！

請收下……

13:17 / 37:15

住在東南亞森林中的聰明猴子

也叫馬來猴，在海岸附近的森林或紅樹林等地成群生活。雜食性，從螃蟹到昆蟲、蜥蜴、果實等，什麼都吃。很聰明，有些猴子會到公園或寺院等人多的地方伺機而動。

尺寸 40～60公分

嗖～

吃螃蟹

住在印尼峇里島寺院的食蟹猴，會偷觀光客的東西！

可惡

賊笑

哎呀！？

拿走！

這些猴子的目的是……？

分類 哺乳類、獼猴科　　　食物 螃蟹、昆蟲等　　　分布 東南亞等

騙人的勾當
食蟹猴

分布於東南亞各地的獼猴。

生活在峇里島寺院中的
猴子很擅長「偷竊」。

手機還我

害玩意兒是怎麼用？

牠們「偷竊」的目標
不只有眼鏡或帽子……

怪盜的
問候

猴如其名，
真的會吃螃蟹！

蟹道樂

連鸞也吃喔！

嘖嘖

這叫猿蟹雙合戰……

除了螃蟹，也吃
昆蟲和青蛙、果
實等，雜食性。

長長的尾巴

智慧型手機或飾品等貴重物品，
牠們也會搶奪！

但猴子為什麼會做出這樣的行為……？

其實食蟹猴是把這些物品當成

「要求回禮的工具」……

換句話說，就是把搶來的東西當成
「錢」那樣使用。

咻……

不可能的
猴任務……

10000
一萬猿

100

峇里島的食蟹猴搶到東西後，
除非能交換到「價值相等」（猴子的角度）的「贖金」……
也就是食物，否則不會放棄偷來的東西！

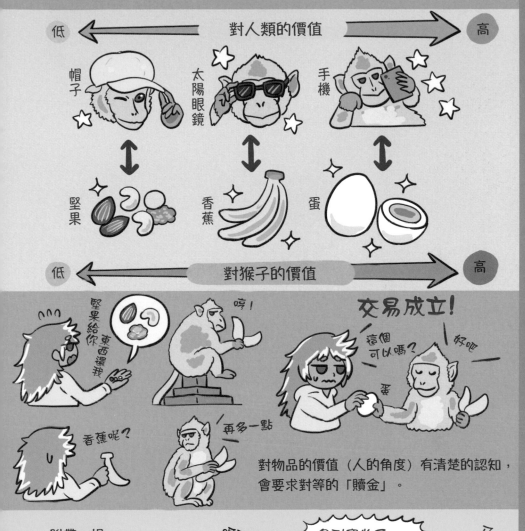

低 ← 對人類的價值 → 高

帽子　太陽眼鏡　手機

堅果　香蕉　蛋

低 ← 對猴子的價值 → 高

堅果給你東西還我

哼！

交易成立！

這個可以嗎？　好吧

蛋

香蕉呢？

再多一點

對物品的價值（人的角度）有清楚的認知，
會要求對等的「贖金」。

附帶一提，
據說愈年長的猴子累積的
經驗愈多，
愈擅長「交易」。

經驗愈豐富就愈聰明，
關於這點，
不論是人類或猴子都一樣呢！

喔耶！

拿到寶物了～

行遍天下
峇里島

已經數位時代囉

毛頭小子～

長

幼

吃到飽！這些食蟹猴的命運是……？

食蟹猴輕易就能從人類手上獲得食物，
盡情吃到飽……但有時好像「吃得太過頭」了。

在泰國曼谷市場中，就有隻食蟹猴胖到
令人無法置信，因而成為話題。

哥吉拉 VS 金剛

猿猿
合戰

沉——！

這隻食蟹猴名叫「哥吉拉」！
被人收養後一直待在市場的店鋪中
擔任「猴招牌」……

但因為人們過度
餵食，吃了太多
食物而變得「超
級胖」！

泰國政府因為擔心哥吉拉的健康，已接手
飼養，目前正以飲食療法協助牠減肥。

猴子過於依賴人類給的食物，
這項問題因為新冠肺炎疫情蔓延而變得更加嚴重。

空——

嗯？

咕嚕

疫情造成觀光客人數遽減的同時，
也讓猴子失去了食物來源。

很多猴子因為太過飢餓而變得具有攻擊性……

食蟹猴身為人們常見的
動物，原本備受關愛、
甚至崇拜，但猴子和
居民的關係，卻因疫
情而開始破裂。

傳染病給了我們一個重新思考人類
與動物關係的機會。

我好餓！！

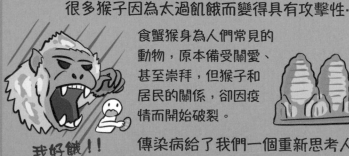

比起銅像
我更想要
食物。

茶腹鳾

依靠情報強悍存活下來的鳥類

當危險迫近……

就轉推吧！

四十雀丸
@40kara0
危險的傢伙來了！

請多多轉推！！

13:17 / 37:15

體型小又可愛
山野中常見的鳥類

棲息在亞洲和歐洲等各區域的鳥類，大小如麻雀，在日本很常見，又名「五十雀」。通常是一隻或一對在樹上生活，並在樹洞等地築巢。雜食性，以蟲和樹實、果實等為食。

尺寸 11公分

拿不掉……

50圓
日本硬幣

我餓了～

那是什麼？

好想戀愛……

黑枕山雀

← 推～

有敵人！

轉推～

有敵人！

茶腹鳾

隱藏在「轉推」中的祕密是……？

分類 鳥類、鳾科　　食物 蟲、樹實等　　分布 亞洲、歐洲等

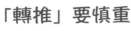

「轉推」要慎重
茶腹䴓

糟糕！
快逃！

茶腹䴓發現猛禽等天敵時會發出警報聲，
如同發送「推文」一樣。

聽到別隻鳥發出「有敵人！」的警報時
也會「轉推」，但是……

實驗結果發現了
意外的現象。

在森林中放置擴音器，
播放四種叫聲：

紅胸䴓

可頭下腳上攀在樹上

① 大雕鴞的叫聲
（危險度：低）

呼～

② 花頭鵂鶹的叫聲
（危險度：高）

危險！

呼呼！

③ 黑枕山雀的
警報聲（低）

推～

來囉！

④ 黑枕山雀的
警報聲（高）

推一！

糟糕了！！

茶腹䴓對這些叫聲的反應不同：

① 發出低音鳴叫， ② 發出高音鳴叫。
③ 和 ④ 則是以中音鳴叫回應。

和自己實際「聽到」的情報 ① 和 ② 相比，
由於 ③ 和 ④ 不知是誰發出的警報，
真假難辨，所以先採取慎重的回應方式……
茶腹䴓對不同聲音的反應，讓人覺得牠們有這樣的判斷。

小雞 @piyoC

假消息吧？

獅子脫逃！

茶腹䴓對於「真假難辨、不清楚的情報」會慎重以對，
看到可疑資訊卻全盤接受的人類，是否也該學習一下呢……

鴞鸚鵡

在那座樂園之外

保育故事

最弱鳥類迫近滅絕危機！！

能否以「尖端技術」來切實守護呢！？

全世界唯一不會飛的鸚鵡

別名「貓面鸚鵡」，只分布於紐西蘭。雖然不會飛行，但很擅長爬樹。主食為果實和種子，也吃蟲子等。壽命很長，能活五十年以上。

 尺寸 60公分

日文別名為「袋鸚鵡」

像袋子的鸚鵡？

鴞鸚鵡超市

能做出許多有趣的動作，有「宴會鸚鵡」的別稱。

開趴囉！ 開趴囉！

哈 哈 哈 哈 哈

哈哈

啊哈哈

噗～

有時會把人類的頭誤認為戀愛對象，窮追不捨……

🏠 分類 鳥類、鴞鸚鵡科　　🍴 食物 果實等　　📍 分布 紐西蘭

87

樂園啟示錄
鴞鸚鵡

綠色背部讓牠能融入森林和草叢環境中！

大概只有下樹時才使用翅膀。

咚

腳力強健，一天能走數公里。

命懸一線！鴞鸚鵡的故事

從前從前，鴞鸚鵡生活在樂園般的森林裡……

由於島上天敵很少，於是演化出優哉的行為方式。

但是，人類來到了島上。

?

人類帶到島上的動物也成了恐怖的掠食者！

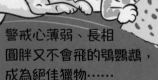

嗚哇！

為了取得肉類和羽毛而獵捕鴞鸚鵡，並且砍伐森林……

警戒心薄弱、長相圓胖又不會飛的鴞鸚鵡，成為絕佳獵物……

把樂園變成「地獄」的，是隨著人類船隻偷渡抵達的老鼠！

到了1995年，鴞鸚鵡的數量已銳減到只剩50隻……

牠們貪婪的吃掉鴞鸚鵡的卵和雛鳥，使得鴞鸚鵡的數量掉到谷底……

來到滅絕的懸崖邊緣……

嗚哇！

鴞鸚鵡因為人類及掠食者危害而瀕臨滅絕，
為了拯救牠們，目前已有最尖端的技術投入！
例如以 3D 列印技術製作的……

SMART EGG

我也有智慧。

smart phone

智慧蛋……

把真蛋從巢裡取出，
放在安全場所，
以有效率的人工方式孵育……

嗚哇～

被擄走了～

暖 暖

好溫暖～

孵蛋期間，
先把智慧蛋放進
巢中。

哇哉啦

我是蛋

不是機器！

智慧蛋會發出雛鳥的
叫聲，也有溫度。

鴞鸚鵡感受到叫聲和溫度之後，
會把智慧蛋視為真正的卵而開始準備育幼。

好好照顧喔

媽媽～

何時誕生的……
唉～隨便啦

這時再把剛孵化的雛
鳥還回巢中，
就能順利的讓鴞鸚鵡
開始育雛。

啾 啾

好吃好吃

根據情況，
有時也會以人工的
方式育雛。
或是請親鳥以外的
鴞鸚鵡代為撫育。

媽媽～

我有生
過嗎？

全力投入技術、時間、精力與情感，是拯救鴞鸚鵡唯一的途徑。

為了保育鴞鸚鵡，人們活用了各式各樣的尖端技術！

發報器

健康
還可以
心情
馬馬虎虎

可隨時得知每隻鴞鸚鵡的所在位置及健康狀態！

無人機

徒步很遠的地方，無人機只要幾分鐘就能將雄鳥精子送達……

請簽收

樹寶？

……方便進行人工授精。

智慧餵食台

給我吃的

你不能吃

你可以吃

嚓嚓

為了管理體重，飼料盒會上鎖，檢測到合宜的體重時才打開。

積極的鴞鸚鵡保育行動逐漸有了成果……

保育行動在20幾年前啟動，到了2019年，鴞鸚鵡的數量已經恢復到208隻！

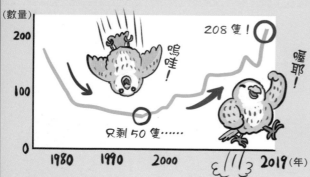

（數量）

208隻！

嗚嘿！

喔耶！

只剩50隻……

1980　1990　2000　2019（年）

但即使如此，這仍遠遠不及脫離滅絕危機的充足數量。

鴞鸚鵡的「樂園」是否能恢復原狀……？就看人類今後作為了。

要增加鴞鸚鵡的數量真是辛苦呢！

因為鴞鸚鵡的繁殖期每隔幾年才有一次啊……

好像得配合牠們最喜歡的樹木結實大豐收的時期，才會發生。

有那麼好吃嗎？

吃吃看

大口吃

嘎嘎

對不起啦

不要打架！

食火雞

會吞火的巨大鳥類？

危險之鳥

食火雞的本性是什麼？！

13:17 / 37:15

生活在炎熱地區的世界第一危險鳥類

主要棲息在熱帶森林，體型巨大，體重可能超過 50 公斤。雖然無法在空中飛，但擅長使用強健的雙腳快跑、跳躍及踢腿。什麼都吃，包括果實、蟲子等。

尺寸 1.2～1.7公尺

曾出現在日本江戶時代的繪卷

被視為毘鳥

具有銳利的爪子。常常揮出一擊就把敵人撕裂……！

也曾有飼養者遭到食火雞攻擊而身亡的例子。

到底誰「死」？

死火……

這種「危險」鳥類的本性是……？

分類 鳥類、食火雞科

食物 果實、蟲等

分布 澳洲、新幾內亞等

吞火者
食火雞

大型的冠

由雄鳥育雛

皮膚顏色鮮豔又紅又醒目的肉垂是「食火雞」名稱由來。

啊～

卵是淺綠色

腳部強健，奔跑時速50公里，跳躍距離達2公尺！

三根腳趾長有刀般銳利的爪子，爪長可達10公分！

雛鳥

搖搖

擺擺

看我把你切成一片一片

牠們強壯的腳和爪子甚至能讓人喪命！

不過食火雞通常很溫和。

要我幫你削蘋果嗎？

只有當自身或孩子受威脅時才會發動攻擊。

食火雞完全不是「奪命鳥」，反而稱得上「孕育生命之鳥」呢！牠們能把植物種子搬運到遠方，造就豐饒的森林……

不必喔～

好痛
好痛
打
打
走開

刺蝟能自保，不受狐狸傷害！

長針的盔甲真是無敵！
那我也……

雖然針很厲害，卻不是無敵，大自然很嚴酷的咧！

我都改造型了
真快

刺蝟 VS 獾

很厲害喔！

← 刺蝟君

睏……
晚安
睏……
起床囉！

刺蝟在白天睡覺，到了夜晚才覓食。

嗚哇！

在歐洲，當刺蝟造訪家裡，稱為「有幸福上門」。牠們是很受喜愛的動物。常因為被人餵食過度而變得肥胖……

嚼嚼 嚼嚼
免費

變！

刺蝟身體表面覆蓋著像針一樣的硬毛！

一旦採取防禦姿態，就很難對牠出手。但乍看之下無敵的防禦，其實可能面臨意想不到的逆境……？

	分類 哺乳類、貂科	食物 小動物、昆蟲、樹實等	分布 歐洲、亞洲等
	分類 哺乳類、蝟科	食物 蚯蚓、昆蟲、種子等	分布 歐洲、亞洲等

刺蝟的數量正大幅減少中！

根據英國在 2018 年的調查，
刺蝟數量已降為 1995 年的三分之一⋯⋯

1995

2018

改名叫「無所蝟」好了

前方有獾

大魔王

讓刺蝟數量劇減的重要原因，
就是「獾」的增加。

獾具有長長的爪子及強力的前腳，
可將進入防禦模式的刺蝟「扒開」，吃掉！

牠們是刺蝟「最強的天敵」之一！

嗚哇！

鏘 鏘！

如果看到「內部」被吃得一乾二淨、
只剩下外表一層皮殼的刺蝟殘骸，
大概就是獾的作為。

驚─！

「栗蝟」嗎？

不！

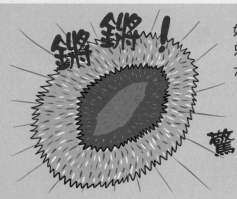

廣告

不論是人或漫畫動物

那個家伙

對刺蝟來說，
獾除了是危險的掠食者，
也是爭奪蟲子等食物的競爭
對手！

換句話說，
如果一個地區住有大量的獾，
刺蝟可能就很難生存⋯⋯

環境變化也是刺蝟減少的重要原因……

哼哼

哼哼

刺蝟的英文名稱是 Hedgehog，
意思是「樹籬（hedge）豬（hog）」。
會有這樣的名稱，
是因為刺蝟會像豬一樣
從鼻子發出哼哼聲，
對著樹籬嗅來嗅去……

針豬

咚！

？

巨大的牆

但近年來樹籬大都變成
了水泥圍牆，
讓刺蝟難以通行……

沒有樹籬就
只能當豬……

嗚呼

你又不
是豬！

刺蝟遭遇交通事故的數量也急遽增加！
每年有一萬隻以上的刺蝟遭遇路殺……
真是令人難過的數據。

交通標誌：
小心刺蝟

注意！
一秒針千根

還有其他許多人為因素，會造成刺蝟受傷或死亡！

遭割草機撞擊或捲入……

糟糕！

嘎滋

嗚哇！

棕刷

啊！是
棕刷。

在枯葉堆中冬眠，
卻遇到人類燒落葉……

好慘！

嗚哇！

轟
轟

栗子

啊！
是栗
子

另外，不管再怎麼說，森林砍伐及農地開發造成棲息地減少，
這也把刺蝟逼到了盡頭。

但有數據顯示，只要食物充足，
刺蝟和獾其實可能共存。

為了保護「幸福的象徵」，
讓刺蝟過著幸福的生活，
人類有許多方面都應該改善。

好朋友！！

改良版刺蝟君

你誰啊？

刺蝟一出生就全身都長刺嗎？

難道寶寶不會刺到媽媽？

刺蝟媽媽通常一次可以產下三至四隻寶寶。

寶寶出生時，身上的刺被體液包住，所以並不會刺痛媽媽。

蒼耳

好像看到自己喔～

體長約2.5公分

出生兩三天後，刺蝟寶寶的刺就全部長出來了，大約５毫米長。

出生六週後，小刺蝟身上的刺會變得和成年刺蝟的一樣。
刺的生長狀態，是刺蝟是否健康成長的「指標」。

並不是只會被吃!? 逆襲的刺蝟

有一種具有特殊能力的長耳刺蝟，是可在沙漠中存活的狩獵者。

大大的耳朵可以散熱，讓身體冷卻。

從昆蟲到蜥蜴等，什麼都吃，但持續十週什麼都不吃也能存活！

嗚哇！

刺蝟波特？

具抗毒性，毒蛇的牙對牠們不管用。

喀滋！

有時也吃毒蛇！

一身針可不是長好玩的，刺蝟採取了「銳利」的生存方式呢。

Zootube

驚人技能！

河狸

用門牙改變環境

改變河川流向
打造舒適生活！！

工匠技術

13:17 / 37:15

破壞又重建
自然界的名建築師

又分美洲河狸與歐洲河狸兩種，和老鼠同屬囓齒類，生活在水邊，以植物為食。門牙既大又強壯，能夠咬斷樹木和枝條，用來建造水壩、整頓自己的棲息環境。

尺寸 1公尺

裡面裝什麼？

不知

加拿大的國家公園裡，
發現了河狸建造的世界第一大水壩！

居然約有850公尺長！

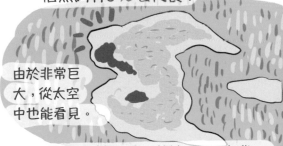

由於非常巨大，從太空中也能看見。

這個「建設工程」始於1970年代。

歷經半個世紀、好幾個世代，才終於建成這個巨大的水壩。

河狸建造水壩的意義是……？

分類 哺乳類、河狸科　　　食物 草、樹皮或葉子　　　分布 北美、歐洲

森林的信徒
河狸

啪答

啪答

在地面上行走的模樣
不太帥氣……
一進入水中卻
「如魚得水」！

整頓棲地的能力
獨一無二。

喀哩
喀哩

喀哩

能以強壯的牙齒和
顎部啃倒樹木……

游泳速度可達
每小時 8 公里
（類似人類慢
跑的速度）。

尾巴為槳狀，
後腳大且有蹼。

再以樹枝和泥巴堆砌壩體。
於草原和森林
裡打造水池！

巢穴有「小木屋」之稱。
是以樹枝和泥巴
製作而成的
圓頂結構。

為了保護自己不受敵人攻擊，
巢穴只能從水中進入。

河狸可說是「生態系的工程師」。
牠們建造的水壩和水道，使生態系變得更豐富。

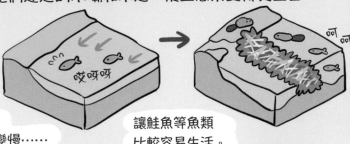

哎呀呀

水壩的存在
使河川的流速變慢……

讓鮭魚等魚類
比較容易生活。

河狸打造的
水壩，
也是各種動物
用來通行的通道。

自動相機定點拍攝顯示，
有許多野生動物每年都會使用河
狸的水壩，
在上面「通行」很多次。

此外也有研究發現，河狸的
行為能夠保護森林不受火災
影響。

由於河狸打造的水壩及水池
周圍，樹木富含水分，當火
災發生時，對動植物來說正
好是最佳避難所。

近幾年發生大規模的森林火災時，河狸建造的
濕地總是能阻擋火勢，防止火災蔓延。

河狸不只是森林的「建築師」，
更可說是森林的「守護者」。

嗤？

風獅爺　　河狸

對河狸來說，「築水壩」是天生的本能行為。

身體不由自主就……

據說被送入保護設施的河狸，明明不曾接受指導，卻會利用找到的各種東西建造「水壩」。

不過說到「本能」，河狸自保時的防衛行為有時好像會導致意外事故。

呼 呀！

河狸受威脅時，會用尖銳且堅固的牙齒啃咬對方！

甚至有人類遭受攻擊而死亡的例子……

嘎哩 嘎哩

哎呀！

雖然如此，河狸並不是凶暴的動物，只是展現本能而已。

有人說，只有人類和河狸這兩種動物，會為了自己的生活而改造周遭環境。
有創造力的「動物」，請別忘了展現對彼此的敬意。

依照本能就能建水壩，河狸好厲害！

幫忙中

嘿咻 嘿咻

小心別被咬

英文裡有句俚語：work like a beaver，代表像河狸一樣拼命工作。

別怠惰，向河狸看齊吧……

囉嗦……小魔熊

你的光環呢？

幽靈蜘蛛

今天天氣晴時多雲……多蜘蛛？！

在空中飛！？

蜘蛛之
不可思議！！

▶ ▶❙ 🔊   13:17 / 37:15   ● ✱ 💬 ➖ ⛶

來自空中的蜘蛛
其實是普通的蜘蛛

大約兩世紀前，有位生物學家搭乘的船上，飛來一隻小蜘蛛。一般生活在農田或森林裡的蜘蛛，其實會藉由飛行拓展棲息地。最近已知蜘蛛在空中飛行的機制了。

📏 尺寸 數毫米～2.5毫米

附帶一提，那位生物學家就是……沒錯，大名鼎鼎的達爾文！

要吃嗎？
嗯～
蠅虎

達爾文發現了！

蜘蛛究竟是怎麼從空中飛過來的呢？

🏠 分類 節肢動物   🍴 食物 小蟲子等   📍 分布 世界各地

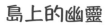

島上的幽靈
幽靈蜘蛛

有好幾種蜘蛛會使用蜘蛛絲，像風箏那樣在空中「空飄」移動。

會有「幽靈」之稱，似乎是因為體色淺、動作迅速。

牠們在地面時和普通蜘蛛一樣吐絲結網，許多都以蟲為食。

空飄的方式

首先，蜘蛛會爬到高處以「曳絲」固定身體，再從腹部釋出蜘蛛絲！

蜘蛛絲帶有靜電。

空中靜電

藉由靜電向上飄

藉風力上升

曳絲

啾一

蜘蛛能夠上升到4.5公里高的地方。

有些蜘蛛能夠不間歇的「飛行」數千公里！

蜘蛛絲的功能類似降落傘。做好後切斷曳絲，靠靜電與風飛上空中！

雖然不清楚蜘蛛在空中飛的理由，但有蜘蛛是抱著卵飛到別處繁殖。

走！

為了追求新天地而「在空中飛」的幽靈蜘蛛，可說充滿探險精神，但好像只能隨風任行啊……。

*日本東京六本木的雕塑「瑪曼」。

這是哪？

六本木*……

在演《無家日》嗎？

馬加平尾虎

馬達加斯加島上的演化奇蹟

為什麼會演變出這種樣貌？！

惡魔或忍者？

都是因為秋天呀……

▶ ▶❙ 🔊　13:17/ 37:15

潛藏在馬達加斯加島的擬態壁虎

分布於東非馬達加斯加島，又名「馬達加斯加葉尾守宮」，身體顏色和斑紋都酷似枯葉，以巧妙的「擬態」融入大自然中隱身，躲避天敵，也能偷偷接近昆蟲進行狩獵。

🪨 尺寸 7～10公分

背部有酷似葉脈的線條。

假裝是我嗎？

尾部很像樹葉。

甚至有類似「蟲子食痕」的凹洞！

咬咬

好痛！

書籤

🌐 分類 爬蟲類、壁虎科　　🍃 食物 昆蟲等　　📍 分布 馬達加斯加島

忍術・樹葉隱身！
馬加平尾虎

外型像怪物，
當地人視之為
「惡魔使者」，
並感到畏懼……

嘿嘿嘿

眼睛上方有疣狀突起。

夜行性，
在樹上生活。

大嘴

嘎啊！

合成照片中有翅膀的
影像，讓人誤以為
發現了「龍」！

見到這麼完美的
「偽裝技術」，讓人不禁覺得牠們是為了扮成樹葉，
而把身體各處變得酷似樹葉。

呼隆！

不過，這其實是「演化」的結果。

嗚哇！

擅長偽裝的個體比較不容易
被敵人或獵物發現，
所以較容易存活而留下後代。

一般認為這種「天擇」過程反覆進行非
常多次後，能讓牠們的身體演化得愈來
愈像「葉片」。

長出翅膀
是遲早的
事吧？

呵呵……

尤其馬達加斯加島四周環海，
環境封閉，演化更容易發生。

不可思議的演化「實驗場」……就是「島嶼」。

黑狐猴

蟲蟲★旅行

意外！！

居酒屋 瑪露

喔耶~

嗚咽

馬陸的毒
幫得上忙!?

▶ ⏭ 🔊　13:17 / 37:15　　🔊 ＊ ▢ ▬ ⊞

馬達加斯加島的
黑色狐猴

由黑色雄性及褐色雌性組成狐猴群，在馬達加斯加島的森林中生活。雜食性，以果實和昆蟲等為食。狐猴類的口部往前方突出，尾巴很長，由於長相類似狐狸而得名。

🐾 尺寸 40公分

馬陸有毒！

很少有動物會主動靠近牠們。

\走開！走開/

哎呀~

不過……

啾？

抓

嘶~

黑貓

!?

叩 叩 叩 叩

狐猴卻是
例外！

🏠 分類 哺乳類、狐猴科　　🍴 食物 果實和昆蟲等　　📍 分布 馬達加斯加島

神聖醉漢傳說
黑狐猴

黑狐猴生活在
馬達加斯加西北部。

雌性體色為淺褐，
耳部有白色長毛。

雄性全身
黑色。

以5至15隻的個體行群
體生活，領袖是雌性。

寶寶會緊抱母
親的腹部。

馬陸遭狐猴啃咬時
會釋出毒性。

大口咬

嗚哇！

但馬陸的毒不會
傷害狐猴！

噴

尾巴又長又粗

狐猴會把馬陸的毒蹭在毛皮上，
用來防止寄生蟲或帶菌的蚊子。

把馬陸毒當成「防蚊液」使用……！

此外，關於馬陸的毒還有更驚人的用法。
就是……用來「酒醉」！

據說狐猴「飲用」少量的
馬陸毒後，會搖搖晃晃、
一副舒服開心的樣子……

薰薰然～

丟！

醉鬼好討
厭喔！

馬陸受利用後，
多半能全身而退
逃走……

就像貓吃了「木天蓼」
的效果吧！

乍看之下很可怕的動物，黑狐猴卻能從中找到隱藏的「快樂」，
進而享受「人」生。

條紋馬島蝟

我是音樂家 ♪ 有條紋的馬島蝟 ♪

唯一會演奏音樂的哺乳類

以哺乳類來說算是方錯了……

▶ ▶▶ ◀ 🔊 13:17 / 37:15

不是刺蝟，是馬島蝟喔！

只分布在非洲東南方馬達加斯加島上的小型動物，是馬島蝟的一種。雜食性，從昆蟲到果實等，什麼都吃。以針般的體毛來保護身體，也會挖洞躲藏。

🔺 尺寸 15公分

10圓

雖然看起來像刺蝟，不過從基因來看，其實比較接近大象及儒艮。

讓我們來當好朋友！

條紋馬島蝟具有什麼特殊能力呢？

🐾 分類 哺乳類、馬島蝟科　　🍃 食物 小動物、植物　　📍 分布 馬達加斯加島

107

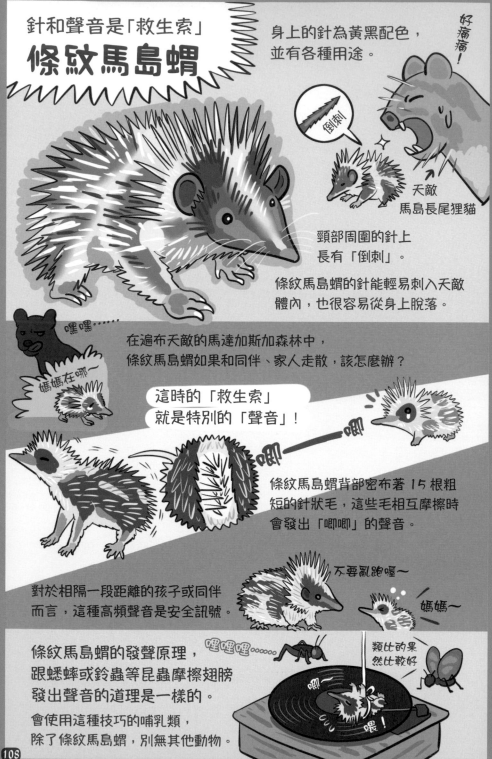

針和聲音是「救生索」
條紋馬島蝟

身上的針為黃黑配色，並有各種用途。

好痛痛！

倒刺

天敵
馬島長尾狸貓

頸部周圍的針上長有「倒刺」。

條紋馬島蝟的針能輕易刺入天敵體內，也很容易從身上脫落。

嘿嘿……

媽媽在哪～

在遍布天敵的馬達加斯加森林中，條紋馬島蝟如果和同伴、家人走散，該怎麼辦？

這時的「救生索」就是特別的「聲音」！

唧

唧

條紋馬島蝟背部密布著 15 根粗短的針狀毛，這些毛相互摩擦時會發出「唧唧」的聲音。

對於相隔一段距離的孩子或同伴而言，這種高頻聲音是安全訊號。

不要亂跑喔～

媽媽～

條紋馬島蝟的發聲原理，跟蟋蟀或鈴蟲等昆蟲摩擦翅膀發出聲音的道理是一樣的。

會使用這種技巧的哺乳類，除了條紋馬島蝟，別無其他動物。

嘿嘿嘿……

唧

喂！

類比的果然比較好

角鵰

亞馬遜霸王之翼

最強鷹鷲？

角雕有什麼祕技呢？

▶ ⏭ ◀ 13:17/ 37:15

位居中南美洲亞馬遜登峰造極的無敵鳥類

生活在墨西哥及巴西等地叢林中的最強鳥類，體重可達10公斤以上，是鷹鷲類當中最重的鳥類。在高樹上築巢、產卵、育雛，雛鳥為全身白色。

尺寸 1公尺

要吃嗎？
不了……

翅膀展開約2公尺

能獵捕重達6公斤的樹懶，並輕鬆帶走。

嗚哇！

狩獵範圍很廣，從狐猴到小型鷹類、猴類都有……

全身針刺的豪豬，也能輕鬆獵捕到手。

抓緊
好痛痛！
嗚哇！

這種「最強鷹鷲」有什麼祕技……？

分類 鳥類、鷹科　　　食物 哺乳類等　　　分布 中南美洲叢林

最強鷹鷲的祕技
角鵰

別名「哈比鵰」，源自神話中的鷹身女妖「哈比」。

上半身為女性的鳥身怪物

呵呵

臉部周圍羽毛像羽扇，又名「羽扇鵰」。

非戰鬥面

臉部羽毛展開可收集聲音、尋找獵物……

巨大的鉤爪不輸棕熊！

祕技！
鉤爪粉碎

具有猛禽中最強的握力。

刷！

翅膀較短，在樹葉多的密林中也能高速飛行。

祕技！
穿梭飛行

殺！

但是……「最強鷹鷲」仍然面臨威脅。有時，被逼到絕境的樹懶會展開反擊！

更大的威脅來自人類對森林的砍伐。

觀察塔

又吃猴猴

還排！

為了解決問題，人們開始改由觀光活動獲取利益，同時兼顧角鵰的保育。天空王者所君臨的「王國」是否能獲得保護，就看人類的行為了。

印度跳蟻

你很壞吧！腦

竟有這種螞蟻！？

腦部大小可以改變！？

女王陛下，
這是新腦子。

▶ ▶▎ 🔊　13:17 / 37:15

不可思議的螞蟻女王寶座爭奪戰

生活在印度的原野，以獨特的大顎聞名。和其他蟻類一樣過著群體生活，由蟻后和工蟻等不同角色擔任不同任務。但印度跳蟻為了爭奪女王寶座，會展現更複雜的行為。

📏 尺寸　2.5公分

具有大型眼睛，和鍬形蟲般的大顎。

唰！✦

鍬形蟲

螞蟻

跳躍能力高強，可以獵捕體長四倍距離以外的獵物，所以名為「跳蟻」！

嗚哇！

🏠 分類　昆蟲、蟻科　　　🍴 食物　小蟲子等　　　📍 分布　印度

111

印度跳蟻

一般來說，
蟻類誕生時身分已經決定，
能成為蟻后的個體是既定的。

無法成為蟻后的雌性會成為工蟻，
無法繁殖。

平身

蟻后陛下～

蟻后陛下的愛蟻

不過⋯⋯每隻雌性印度跳蟻
都有機會成為「蟻后」！

來自貧民區
的媽蟻

變成了
蟻后！！

王者之劍

當巢穴中原本的蟻
后死亡時，
工蟻會為了爭奪蟻
后的寶座而戰！

蟻后寶座爭奪戰非常激烈！
蟻群中高達七成的雌蟻都可能加入
戰鬥，可說是「大逃殺」。

喔哦哦哦哦哦
哦

牠們會像使用長槍一般，
以銳利的顎部互戳而決定勝負。

戰爭會持續很久，
最長可達40天左右。

在戰爭中獲得勝利的工蟻
會成為生殖工蟻，
變得像蟻后那樣可繁殖。

工蟻之歌
生殖遊戲
第五季

希望我支持的對象不會死

再演到何時？

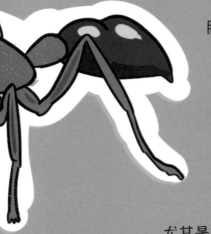

勝利的生殖工蟻體內會發生各樣變化。

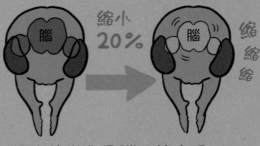

縮小
20%

縮縮縮

最大的變化是腦「縮小了」！
尤其是主宰視覺的「視葉」，萎縮得特別厲害。

看不見～

另外，原本有助於工蟻狩獵的
高度認知能力也會衰退。
因為蟻后的工作是在黑暗中專心產卵，
並不需要視覺和狩獵能力。

與腦部縮小相反的，
卵巢會膨脹為原本的五倍大，增強產卵能力。

由於腦部會消耗大量能量，像這樣「削減」不必要的區域，
可能是為了維持生命的設計。

嗚～

生殖工蟻
腦部變小的
印度跳蟻

削減腦部成本，是
讓能量運用更有效
率……的意思嗎？！

啥？

關於印度跳蟻的
腦部，還有更多
祕密……？
→ 待續

更為驚人的是……已經變小的腦部竟然能夠「恢復原狀」！

把生殖工蟻從巢裡取出，
放置在與其他跳蟻分開的地方，
隔離幾週之後……

蟻后角色的機能會終止。

把孤立一段時間後的生殖工蟻
放回原來的巢穴，
其他工蟻會立刻抓住牠、
甚至把牠拘留好幾天。

這種行為稱為「監管」，

是如同「關禁閉」的處置。

遭到監管的生殖工蟻，腦部的尺寸會再度增加……

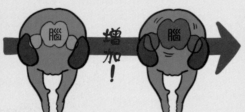

即使追逐過女王之位，
仍可「重新開始」，印度跳蟻採行的，
真是一種「友善」的制度呀……

一陣子後就回復
成一般工蟻了。

「腦部變大變小」的現象，也發生在其他哺乳類和鳥類身上。

例如體型很小
的哺乳類：
鼩鼱。

腦部在冬季時會變小
以節約能量，
到了春天再恢復原狀。

但這種現象是首次在昆蟲界發現。

這個充滿謎團的領域若能持續受到研究，
未來有可能應用在人類身上，
使「人類腦神經再生」不再是夢想。

狼 一起玩吧！

Zootube 大吃一驚！

可怕？不可怕？ 到底是哪個？

地獄三頭犬!?

13:17 / 37:15

最可怕的群體狩獵集團

主要分布於寒帶地區，以四至八頭左右的個體成群生活。體力很好，能夠連續奔跑好幾個小時不停追捕，再用銳利的牙齒殺死獵物。就連體型比自己大的野豬等都能獵捕。

尺寸 1.5公尺

狼群的單位在英文是用pack

嗷嗚 嗷嗚

好重

狼很擅長成群狩獵！

團隊合作不能缺少溝通。只要有一頭狼開始叫，其他狼也會跟著叫，以「狼嚎」的方式把聲音傳到遠方。

啊嗚～～

經常被視為殘暴動物代名詞的狼，有著什麼「日常」樣貌呢？

分類 哺乳類、犬科　　食物 鹿、兔子等　　分布 美國北部、歐亞大陸

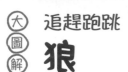

追趕跑跳 狼

狼雖然好像很可怕，但牠們的日常生活其實充滿了各種「遊戲」。

同伴之間常會彼此追趕或咬著玩。

最喜歡的遊戲是「捉迷藏」。

咬咬

……

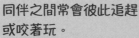

在哪裡啦？

呵呵

其實我有看到

一隻先躲起來，另一隻一邊假裝尋找、一邊慢慢靠近……

然後躲著的同伴會跳出來！

哇！

好啦！好啦！

大自然是狼最佳的「遊樂場」。

牠們尤其喜歡冰。

曾有人看到牠們像「溜冰」那樣，在滑溜溜的冰面上滑來滑去玩耍。

冰上大野狼

牠們也喜歡站在凍結的湖面上，前腳不停拍打冰面，直到「碎冰」。

拍 拍

啪嘰

咕咚

牠們常使用「工具」玩耍，
人類丟棄或遺忘的「謎樣物品」
特別受歡迎。

搶奪三角錐……
這是什麼！
万知！

把輪胎咬碎玩耍……
超棒的！！
溜～
在下告辭了……

不要太用力喔！

目前還不清楚，為什麼狼要一起從事這些看似無謂且消耗能量的「遊戲」。

最有力的理論是，透過玩耍，狼有機會「學習」社會溝通。

幼狼一邊玩耍一邊學習「公正」與合作，分辨可做與不可做的行為，並逐漸適應群體生活。

不過，
已經成年的狼也很喜歡「玩耍」！

事實上，牠們可能是「很開心」的享受各種玩耍的行為呢！

要跳舞嗎？

曾有學者將人類稱為「遊戲人（*Homo ludens*）」，認為人類是透過遊戲而促成發展。
看看狼的社會行為，不得不說牠們是跟人很像的動物呢。

最強二人組？狼與烏鴉

狼活用「遊戲」，與同伴達成溝通。
這種交流方式甚至可跨越物種間的障壁，

尤其是狼和烏鴉間緊密的連結。

狼和烏鴉是橫跨數百萬年、
共同演變形成的好夥伴。

對狼來說，烏鴉是
很棒的「耳目」。

噗～

烏鴉無人機

發現動物屍體時，烏鴉會大聲鳴叫。

嘎！

看見了

嘎！

狼一聽到烏鴉叫，
就知道有食物可吃。

另一方面，烏鴉也能得到好處。

烏鴉能找到屍體，
卻沒辦法靠自己的力量撕開
厚厚的毛皮與皮膚。
有了狼的力氣和銳利
的牙齒，烏鴉就能
「分一杯羹」。

沒辦法～

讓讓……

烏鴉對狼來說，
就好比馴養很久的寵物。

早安～

早呼

牠們從小就開始彼此「交流」，
藉由長久的合作，
建立獨特的「信賴關係」。

曾經有人觀察到，
狼似乎有「埋葬」死亡烏鴉的行為……

動物界中，可能隱藏著人類不曾注
意到的「友情」呢。

晚安……

第**3**章

大海

充滿不可思議的奇蹟

121

大海裡充滿了各式各樣
不可思議的奇蹟！！

比起陸地，海洋內還有非常多尚未開拓的領域，以及不曾受到研究的生物。藉由在動物身上安裝儀器採取數據，種種研究有了長足的進步，人們開始了解海洋生物充滿謎團的生活。讓我們一窺既神祕又充滿魅力的海洋生物樣貌吧！

詳情請見 第**151**頁

白鯨具有
高智商……

白鯨能跟同伴溝通，被視為具有很高的智力。最近又發現牠們好像也能跟其他動物交流……？

具有大量珊瑚
的海洋其實……

珊瑚看起來美麗又鮮豔，具有大量珊瑚的海域，同時聚集了許多海洋生物。如果眺望那生機勃勃的海洋，會發現什麼……？

詳情請見 第**131**頁

大翅鯨具有
多種文化

高智能的大翅鯨具有群體狩獵的文化，但是不只如此，牠們竟連使用的聲音也具有文化……？

詳情請見 第**163**頁

海獺

毛茸茸的救世主

守護海洋！！

請用 請用

咬咬 咬咬 喀！喀！

救世主是……
貪吃的海獺！？

▶ ▶ ⏮ ◀ 🔊　17:55 / 37:15　🔇 ✦ ⏏ ➖ ⛶

在海藻林中游泳
在海面漂浮的哺乳類

海獺會游泳捕魚、捕捉螃蟹等，並漂浮在海面，以石頭把放在肚子上的貝類敲破享用。在「巨藻」等大型昆布密集生長的「海中叢林」裡生活。

🦦 尺寸 1.2公尺

三層架上
的
三層海獺

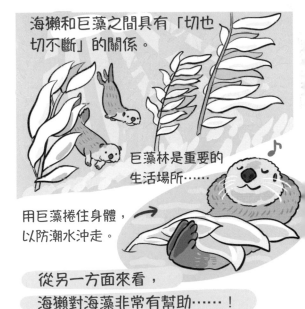

海獺和巨藻之間具有「切也切不斷」的關係。

巨藻林是重要的生活場所……

用巨藻捲住身體，以防潮水沖走。

從另一方面來看，海獺對海藻非常有幫助……！

🐾 分類 哺乳類、貂科　◀ 食物 魚、貝、海膽等　📍 分布 美國、加拿大、俄羅斯等

未來關鍵在你手上
海獺

海藻林像是海洋中的「森林」生態系，是許多生物的家。

海藻的天敵是「海膽」！

當海膽的數量過多，會吃掉太多海藻。不過……

生活在海藻林中的海獺會幫忙吃掉海膽。

我要開動了～

嗚哇！

好吃好吃

食物鏈中像海獺這種對生態系具有關鍵影響的物種，稱為「基石物種」，也稱關鍵物種。

「基石」是鑲嵌在拱門頂的石頭。

拿掉基石，拱門會崩塌。

匡嘟 匡嘟 !!

這樣的話，假如海獺消失……

那就糟糕了咧！

阿拉斯加阿留申群島的海域中，原本廣布著豐饒的海藻森林……

嗚嗚

海膽的天堂！

海藻的地獄

但由於遭到人類狩獵等因素的影響，使得海獺數量遽減……

海獺減少使得海膽遽增，於是把「海藻森林」吃得精光，生態系因此陷入崩壞的危機！

如何讓荒蕪的海藻林恢復呢？
答案是讓海獺「回歸」。

鳴～

吞口水

1970 年代，加拿大西部
海岸再引入海獺。

豐收

這傢伙
專吃貴的

海膽
扇貝♪

嚕嚕嚕嚕

雖然再引入
海獺這種貪吃鬼，
讓當地漁民
一時之間很反彈……

但由於海獺會捕食海膽，
使吃海藻的海膽減少，
海藻林因此恢復了，
藻場的面積最後
擴大了 20 倍！

由於海藻營造出
豐饒的棲息環境，
能供各式各樣的魚類生活，
當地漁民最後反而因此獲利。

此外，為了看海獺
而造訪的觀光客也
為當地帶來好處。

放開我

海藻還能吸收二氧化碳、抑制海洋酸化、
減少大氣中的溫室氣體。

海獺守護海洋的「樂園」不受破壞，並用牠的可
愛繁榮經濟，更是對抗地球暖化的良方……

重要的「基石物種」海獺，握有關於地球
未來的鑰匙。

CO_2

CO_2

CO_2

痛痛

敲

敲

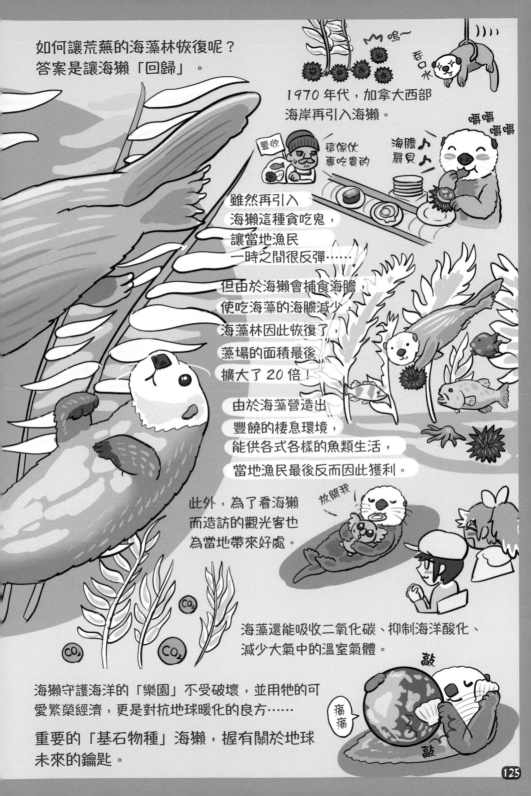

海獺的毛皮：毛茸茸的祕密

海獺是全世界「毛茸茸第一名」的動物！
牠們的毛多達八億根左右。

人類的平均髮量，
大概只及得上海獺毛皮
1 平方公分的毛量！

濃密的海獺毛具有
雙重結構。

護毛
（又長又硬的剛毛）

底層毛
（內側的短毛）

外側是又長又硬的剛毛，包覆著防水的油脂。
內側的短毛像是剛出生時的絨毛。

內外兩側的毛之間夾有空氣層，可防止體溫散失。

海獺是長時間漂浮在水面生活的動物，
多虧了獨特的皮毛，牠才不會變冷，也不會溺水。

不過，海獺的毛皮也為牠們招致了災難。

19 世紀末，海獺毛皮被視為
最高級的毛皮料，
導致牠們遭遇人類大量獵捕而
瀕臨絕種。

海膽

雖然國際社會締結了
保育海獺的條約，
但海獺的數量仍舊無法穩定。

守護貪吃的「海洋守護神」，
是人類的任務。

真烏賊

改變你的色彩

靈巧變身！！

我是公的……♂

♀ 母的

外觀跟性別
都很**自由**！？

真淑女！

變身
！？

17:55 / 37:15

變換自如的多彩烏賊

烏賊擅長狩獵，是海中生長
繁盛的一種無脊椎動物（昆
蟲、章魚、貝類、海星等）。
真烏賊是生活在東亞沿海及
南海的烏賊，包括臺灣附近
海域。會使出各種技巧捕捉
小魚等獵物。

真烏賊類是智力特別高
的無脊椎動物。

我是
寄居蟹

不會太大隻嗎？

有時會模仿寄居蟹的
外觀及動作……

藉此欺騙獵物和天敵！

尺寸 1 公尺

真衣架

嗚哇！

咻啪

騙你的～

牠們還有難度更高的「欺騙」技巧？

分類 頭足類・烏賊科　　食物 魚、蝦、蟹　　分布 東亞、東南亞

不可思議的皮膚
真烏賊

皮膚具有特殊的
三層結構。

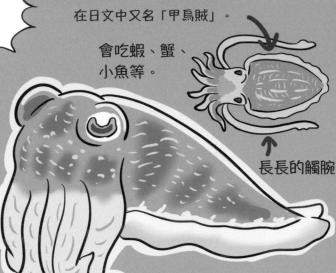

背部有著大型的硬殼。

在日文中又名「甲烏賊」。

會吃蝦、蟹、
小魚等。

長長的觸腕

外層中每1平方
毫米含有200個
以上的色素細胞。

以紅、黃、褐、黑、白、
彩虹色等色素細胞組
合出多彩的顏色。

例如：紅＋黃可形成橘色。

色素細胞藉由肌肉和神經與
腦部相連，可以像電視螢幕
那樣迅速的改變顏色。

不論是什麼背景，真烏賊
都能瞬間偽裝並融入環境。

4K影像！

這才是最先進
的電視……

只是一個框吧？

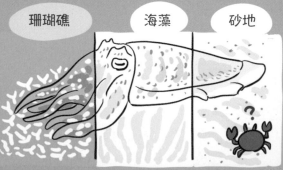

珊瑚礁　　海藻　　砂地

連自然界沒有的花紋也能對應！

誰在
看我？

盯
著

少神經了

澳洲巨烏賊會運用變幻自如的體色，為「愛」戰鬥！

體型較大的雄性向雌性示愛時，會讓身體表面的斑紋變換成條紋狀。

你看！俺的身體……

哇嗚……

大型的雄性容易擊退對手……

別靠近我的老婆！

以「守衛」雌性的方式達成交配。

打擾了～

咻～

雌性則潛入雄性身體的下方。

但小型雄性完全沒有機會嗎？

牠們會「假扮」成雌性！

收起觸腕、縮小身體……
就連體色也能變得很像雌性烏賊！

正牌雌性

還真像

可愛的傢伙……

卿卿我我

卿卿我我

假扮成雌性的雄性，
會潛入粗心大意的雄性下方……

偷偷向雌性求愛！

自以為「獲得」兩隻雌性的大型雄性，
作夢也沒想到自己身體下方，
會有「穿女裝」的雄性和自己守衛的雌性交配。

於是這種「騙術」基因藉此傳給了下一代、再下一代……。

真烏賊的另一項絕招……「催眠術」?

真烏賊能讓體色波動變化，
就像海浪在移動一樣。

睡吧～

有人認為，這可能是一種
「催眠術」?

能讓螃蟹等獵物，因為複雜的
顏色變化而受到迷惑……

咻啪！

然後迅速
獵食！

雖然本身具有巧妙的變色技巧，
但真烏賊其實可能
無法分辨顏色。

看冇懂

停
走

我懂了！

神奇的烏賊……
似乎還有很多謎團等待破解。

真烏賊真那麼厲害？
催眠術超強的。

光是看，
就有點想
睡了……

我知道了！

可以學習
烏賊……

利用真烏賊的催眠術
控制觀眾的心靈！

你是小璐的粉絲～

這想法意外的讚啊！

不要說 1 億的點閱數，
就連 100 億都能達成。

讚！讚！
讚！讚！

小璐
好讚♡

小璐將成為地球
上最強的動物頻
道直播主。

追蹤人數 50 億！

嘿嘿嘿……

要睡到什
麼時候？

珊瑚

復甦吧！海洋大都會

可以再生！？

海中的各位！！
集合嚕！！

很好玩喔！

那裡
不是倒
了嗎？

OPEN!

大家
快來！

▶ ▶❙ 🔊 　17:55 / 37:15

珊瑚礁是
海洋生物的小鎮

珊瑚和水母一樣屬於刺胞動
物，種類超過 800 種，並有
不同的大小和形狀。由大量
珊瑚組成的珊瑚礁，僅占地
球海洋整體的 0.17%，卻聚
集了 10 萬種以上的生物。

尺寸 依種類而定

地中海珊瑚

珊瑚礁是海洋生物不可或缺的生態系，
有「海中熱帶雨林」之稱。

這麼重要的珊瑚礁，
發生了什麼嚴重的狀況呢……？

分類 刺胞動物　　食物 利用光合作用獲得養分（參照第132頁）、浮游生物　　分布 世界各地海洋

131

歡迎來到叢林
珊瑚

乍看之下好像植物，
但其實是動物！

由小小的「水螅體」聚集在一起
而形成一個生命體。

水螅體

水螅體內住著會行
光合作用的小型藻
類，稱「共生藻」，
藉此獲取養分。

這些小型藻類也是珊瑚色彩的來源。

珊瑚礁正面臨廣大的危機。

據說近 30 年來，
全世界已喪失一半的珊瑚礁……！

尤其是「白化現象」
特別嚴重。

當環境造成壓力，
珊瑚體內的共生藻會釋出毒素……

這使得珊瑚排出
共生藻，並因此
變白。

精疲力竭…

白化狀態如果持續
很久，會造成珊瑚
死亡。

全球暖化導致海水溫度上升的現象，
是珊瑚目前承受的最大壓力。

其他因人類造成的環境變化，
例如漁業上的過度捕撈、海水汙染等問題，
也讓許多珊瑚礁瀕臨滅絕的危機！

發燒了～

嗶！ 39℃

用「聲音」騙魚可拯救珊瑚！？

一般以為海中「很安靜」……

但健康的珊瑚礁環境其實非常「熱鬧」！

充滿了魚蝦等等生物發出的細微聲音。

海洋大都會

海中鬼城

相反的，
逐漸死亡的珊瑚礁會完全靜默。
因為生物消失無蹤了。

曾有人進行實驗，
在死亡的珊瑚礁上加裝擴音器，
播放健康珊瑚礁的「聲音」欺騙魚類，
誘使魚類聚集過來！

實驗成功了！

發出多種聲音的珊瑚礁，
真的吸引了許多生物回歸。

澳洲大堡礁

棲息在珊瑚礁的每一種魚類，
各自扮演著重要角色，
能夠發揮不同的影響力。

有些魚能吃掉生長過盛的藻類，
確保珊瑚可得到生長所需的空間。

為了讓珊瑚礁復活，
不能缺少海洋生物的作用。

即使一開始的「熱鬧」只是假相，
只要能夠妥善的靈巧運用，
就可能讓死亡的珊瑚礁重獲新生，
重返真正的「熱鬧」。

珊瑚是「海中餐廳」！？

珊瑚礁對海洋來說不可欠缺，
會吃珊瑚的動物也很多。

刮刮

日本鸚鯉

長有類似鸚鵡喙的銳利牙齒，

可刮下珊瑚表面的水螅體來食用。

啄啄

蝴蝶魚

蝴蝶魚的嘴長得尖尖小小的，
會啄食珊瑚上的水螅體。

黏黏

嗚哇！

棘冠海星

棘冠海星可翻轉胃袋
蓋住珊瑚，分泌消化液
溶化水螅體後吸取養分。

不只被吃，也會反過來「吃掉」其他生物！？

曾有人目擊珊瑚上小花般的水螅體，
竟然捕食了
體型大很多倍的水母。

珊瑚的水螅體會「團結」起來，
合力捕捉獵物！
當水母靠近時，由數隻水螅體
先捉住水母的傘狀體，
其他水螅體再用觸手壓制，
讓水母無法逃脫！

嗚哇！

要求特別多的珊瑚礁

珊瑚軒

珊瑚既是生物重要的「家」，
也是生物的「食物」。

但正如「美麗的玫瑰都有刺」，
珊瑚有時也會「露出獠牙」
反擊呢……

不論是誰都請進
絕對不要猶豫

＊源自宮澤賢治的《要求
　特別多的餐廳》。

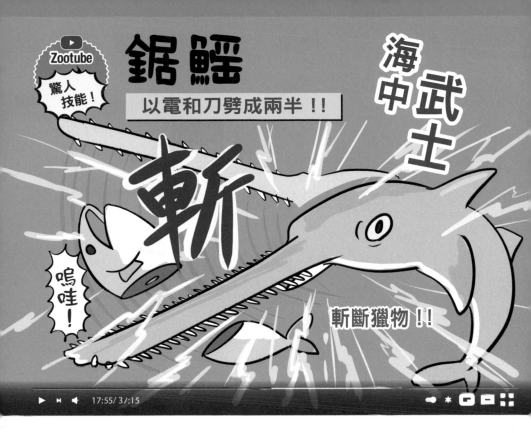

鋸鰩

以電和刀劈成兩半！！

海中武士

斬

嗚哇！

斬斷獵物！！

17:55 / 3:15

什麼事都能做的萬能鋸

鋸鰩的特徵是鋸齒狀的長吻部。牠們會利用長吻在海底的沙泥中搜尋，找尋貝類和螃蟹食用。全世界有六種鋸鰩，其中有些生活在河川或湖泊中。

尺寸 5公尺

腹面的臉

鋸子

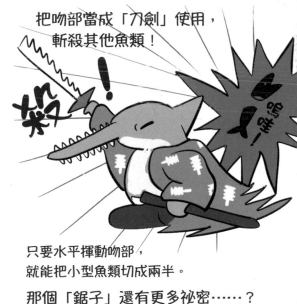

把吻部當成「刀劍」使用，斬殺其他魚類！

殺！

只要水平揮動吻部，就能把小型魚類切成兩半。

那個「鋸子」還有更多祕密……？

分類 魚類・鋸鰩科　　食物 魚、貝、蟹等　　分布 世界各地的熱帶海洋

鋸鰩

吻部很像長鼻子，
但其實是頭蓋骨延伸
出來的軟骨。

外觀和鋸鯊很像，
卻是不同物種。

認鬍鬚
就對了

這個長吻部有各種
使用方法。

鋸鰩可在一秒內
揮動吻部四次。
像揮刀一樣的英勇姿態
為牠贏得「海中武士」
的名號。

感應

二刀流！

這位「武士」狩獵時，
使用的是
「電」！

電擊棒

鋸鰩長吻部上有許多稱為
「勞倫氏壺腹」的小洞，
能透過電場感測獵物的動靜。

嗚哇！

這種能力對於在黑暗混濁的水中
尋找獵物，很有幫助。

即使看不見，
也能感應到獵物的存在！

成熟的鋸鰩體型巨大，少有天敵。

但在成熟前的五年中，
鋸鰩在河川上游生活，
這段期間牠們缺少防備，
有時會被鱷魚吃掉。
在長成雄偉的
「武士」之前，
不能掉以輕心！

澳洲淡水鱷

嗚哇！

蟬形齒指蝦蛄

蟬聯冠軍的蝦蛄

不論天敵或獵物都能擊倒！！

最強一擊！

▶ ⏭ 🔊 17:55 / 37:15

揮出自然界最快、最強一拳的蝦蛄

在海底生活，體色炫麗，具有一對槌子形的「掠食足」，揮出時可敲碎堅硬的貝殼或螃蟹殼，再食用獵物殼內的肉。蝦蛄在爭奪領域時也會揮拳。

🦐 尺寸 15 公分

擊打獵物的力量，可達自身體重的 2500 倍以上！

就算獵物逃進玻璃瓶裡躲藏⋯⋯

也能揮拳，把玻璃瓶打破！

匡啷

你的鐮刀真不錯

這不是鐮刀！

英語：Peacock mantis shrimp

別名「孔雀螳螂蝦」

🌐 分類 節肢動物・齒指蝦蛄科　　🍴 食物 貝類、螃蟹等　　📍 分布 日本、東南亞等

137

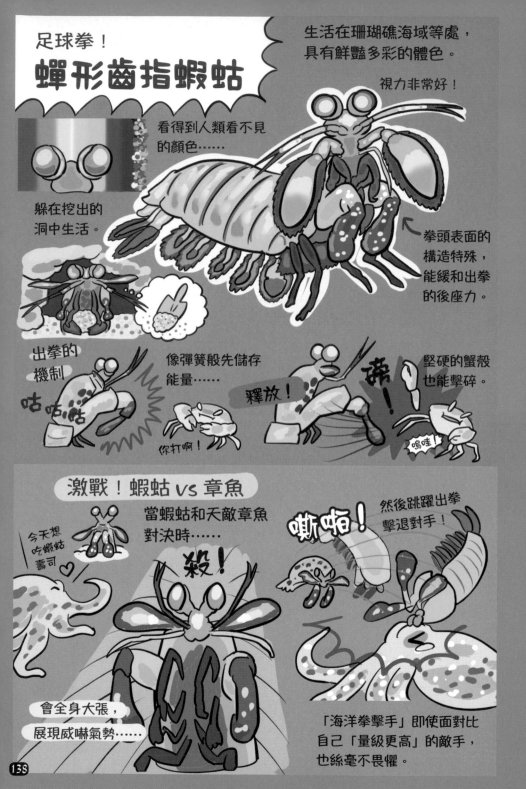

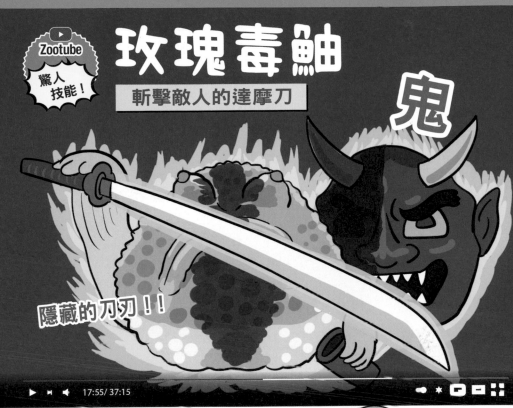

玫瑰毒鮋

斬擊敵人的達摩刀

鬼

隱藏的刀刃！！

▶ ⏭ 🔊 17:55 / 37:15

像岩石一樣凹凸不平的毒鮋

毒鮋生活在遍布岩石的海底，嘴巴很大。其中的玫瑰毒鮋在日文中稱為「鬼達摩毒鮋」，具有凶惡似鬼的臉，體型好比達摩不倒翁。會全身潛入沙中，只露出眼和嘴，埋伏等待獵物。

📏 尺寸 40公分

其實是美味的高級魚

快逃

靜

非常擅長擬態！
會模擬石頭和岩石。

只有泥巴和石頭～♪

遇到不小心經過的魚……
就啪的一口吞下！

嗚哇！

咻啪

捕食紀錄最短
只有0.01秒，
真的非常快！

這種像「鬼」的魚還有其他祕技……？

🐾 分類 魚類・毒鮋科　　🍴 食物 魚等　　📍 分布 印度洋、太平洋等

鬼在外！毒在內！
玫瑰毒鮋

棲息在熱帶珊瑚礁！在日本是分布於小笠原群島及沖繩等地。臺灣周邊海域也有。

具有世界最強等級的劇毒！

毒性是蝮蛇的 30 倍……

可怕〜

← 毒位在背鰭的刺上。

刺既尖銳又堅硬！
若不小心踩到，
毒性可能致人於死……

啊呀！

刺

哎呀

是日文名稱的由來。
長相如鬼一般恐怖，

可怕〜

正面

亮出！

牠們還偷偷帶著「彈簧刀」！

眼睛下方的骨頭可如
刀刃般突起，人稱
「眼淚軍刀」！！

警察
先生

這對「軍刀」可能用來擊退敵人，

或像動物的角那樣，在求愛時用來展示，

或用來與同類競爭……等等，說法很多。

嗚哇

附帶一提，那「軍刀」
還會發出綠色螢光。

鬼之謎團真是深不可測！

悄悄〜

有鬼啊

依靠吾之力享用海洋的人類……

該輪到你們來報恩了！

請你們在頻道大幅報導「那個問題」吧！

哪個？

就是「鰻魚滅絕的問題」嘛！

人類 VS 鰻魚

日本鰻鱺

鰻魚妖精「鰻會跳」

喜歡的魚類：鰻魚
喜歡的哺乳類：蝸牛
討厭的哺乳類：人

你們低落的意識，該像鰻魚游上來了嘛！

Q：鰻魚瀕臨滅絕了嗎？

真的是瀕臨滅絕物種嘛！

鰻魚在瀕危物種紅皮書中，被列為瀕臨滅絕危機第二高的等級。
（EN、IB 類）

瀕危物種

IUCN	日本環境省	
EX	滅絕	
EW	野外滅絕	
CR	極危	滅絕危機 IA
EN	瀕危	滅絕危機 IB
VU	易危	II
	近危物種（NT）	

和藍鯨、朱鷺等稀有動物相同「等級」！

藍鯨 EN/IB

朱鷺 EN/IA

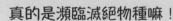

 分類 魚類・鰻鱺科　　🔄 食物 蝦、蟹等　　📍 分布 太平洋、印度洋等

 分類 哺乳類・人科　　🔄 食物 什麼都吃　　📍 分布 世界各地

Q：原來鰻魚面臨危機啊？
為什麼數量變這麼少？

別說了！還不都
是人類的錯！

嗚嗚

一般認為鰻魚減少的主因為：
（1）人類過度捕撈，
（2）環境變化。

變水泥
了……

嗚哇！
吃吃吃

最大的問題是，「人類消費鰻魚的速度」
比「鰻魚繁殖的速度」快。

這種狀況如果繼續下去，鰻魚可能面臨滅絕……

Q：假如捕捉天然鰻魚不好，
改成養殖不就沒事了？

出現了！這是常有
的誤解！

什麼嘛？

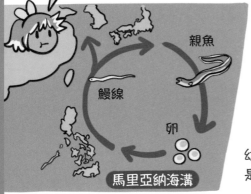

親魚

鰻線

卵

馬里亞納海溝

日本鰻鱺的產卵地點，
位在距離日本 2000 公里以外的
馬里亞納群島附近。
在那裏孵化的幼魚會游回日本生長。

幼魚稍大時稱為「鰻線」，「養殖鰻魚」
是捕捉鰻線到養殖場培育而成。

雖說是養殖，
但還是在消費「鰻魚幼
魚」這種天然資源！

要長大喔～

Q：不是有「完全養殖」的方法嗎？

要真的能實際應用，還要等很久呢！

養殖池　　　水槽

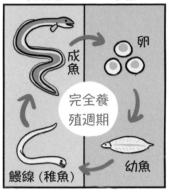

完全養殖週期

成魚

卵

幼魚

鰻線（稚魚）

「完全養殖」技術已經在研究室取得成功。

不過！以現況來說，完全養殖不但困難，成本也很高，並不是能立刻拯救鰻魚的「夢想技術」。

完全養殖鰻魚飯

一萬日圓

好貴！

雖然如此，將來也許可以活用，減少捕捉鰻魚的需求。

Q：聽說市面上有違法鰻魚，真的嗎？

真的！若說市面上的鰻魚大都是違法，也不算誇大……

嗚哇！

日本國內養殖的鰻魚，有高達「一半至七成」是以違法捕撈的鰻線培育而成！

鰻線的交易價格之高，讓牠們有「白色鑽石」的稱號，因此違法鰻魚不會消失。

麻煩的是，不論在高級鰻魚老店或便宜連鎖店，吃到違法鰻魚的機率都一樣高。

鰻魚
扭蛋

50%
是合法鰻魚

其他呢？

Q: 到底要怎麼做，才能
避免鰻魚滅絕？

簡單！在鰻魚滅絕前
先讓人類滅亡，就能
解決！

那個呀

除此之外呢……？

嗯哼……只能靠人類努力了！

NO！

請在我活著
時討論

首先，應該訂定合適的
鰻魚「消費上限」。

東亞的四個國家，包含日本在內，
其實有訂定養殖用鰻線的捕撈數量上限……
但由於這個上限數量訂得太高，
實際上等於是「無限制撈到飽」，
根本沒有意義。

鰻魚捕撈

嚴守 每4人
80公噸

超容易！
不用努力

中

日 韓
台

嗚哇！

太多
了啦！

我認為應該以科學數據為基礎，限制
消費量，以抑制人類對鰻魚的消耗。

Q: 有什麼事是我們能做的？

還真的有不少呢。

（ 注意不要吃太多。

（ 選擇標有稚魚產地的企業生產的
「非違法鰻魚」。

（ 讓「不吃違法鰻魚」的心聲
傳到相關業者耳中。

（ 注意跟鰻魚問題有關的新聞，
並分享報導。 ……等等

合法！ 清淨
鰻魚

真的嗎？

NO MORE
鰻魚小偷

拍電影
才那樣做

不！

為了將來還能夠和鰻魚共存，
想想看還能做些什麼吧！

愚蠢的人類，謝謝收看！

太
晚
說
了

人類應該
看不見鰻魚
妖精吧？

剪接時
再想辦
法……

鰻

浪人鰺

勢不可擋，連飛鳥都吃！

從海中獵捕鳥類的魚！？

飛！！

嗚哇！

▶ ▶| ▶◀ ◀◀ 17:55/ 37:15

孤獨生活！？
巨型竹筴魚

和竹筴魚一樣屬於鰺科。會成群游泳的竹筴魚體重約為300公克，但浪人鰺體重可超過 50 公斤，是釣客嚮往的巨型獵物。肉食，什麼都吃，大型身軀能迅速游泳。

鰓附近有刀疤狀的紋路，可能也是名稱的由來？

像自由的「浪人武士」般孤獨生活，而非成群活動，因此叫浪人鰺。

得拿出浪人的氣勢……

一般是單獨行動，不過也有例外……？

浪人鰺

🐟 尺寸 1 公尺

驚！

竹筴魚乾

🚢 分類 魚類、鰺科　　🍽 食物 魚類、甲殼類、鳥類等　　📍 分布 印度洋、太平洋等

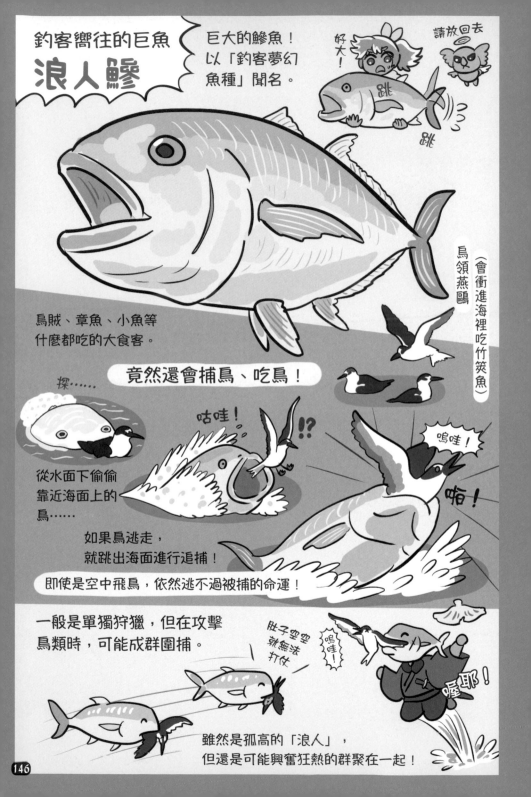

釣客嚮往的巨魚
浪人鰺

巨大的鰺魚！以「釣客夢幻魚種」聞名。

好大！

請放回去

跳
跳

烏賊、章魚、小魚等什麼都吃的大食客。

烏領燕鷗
（會衝進海裡吃竹筴魚）

竟然還會捕鳥、吃鳥！

探……

咕哇！

嗚哇！

!?

啪！

從水面下偷偷靠近海面上的鳥……

如果鳥逃走，就跳出海面進行追捕！

即使是空中飛鳥，依然逃不過被捕的命運！

一般是單獨狩獵，但在攻擊鳥類時，可能成群圍捕。

肚子空空就無法打仗

嗚哇！

喔耶！

雖然是孤高的「浪人」，但還是可能興奮狂熱的群聚在一起！

雙髻鯊

鯊魚的學校在海裡

集合!!

超過200隻鯊魚
聚集的學校!?

鯊魚學校開學典禮

（校歌大合唱）

即使長夜漫漫
獨自垂淚
夢想依舊
永不止息

浪間閃耀
鯊魚的鰭
學校育我
認真學習

17:55 / 37:15

外觀奇妙、
頭型像錘子的鯊魚

頭部形狀和錘子很像，也
像敲鐘用的 T 形「撞木」。
長大之後幾乎沒有天敵，
魚蝦、蟹、章魚等什麼都
吃。不產卵，寶寶在媽媽
胎內孕育而成，為胎生。

🦈 尺寸 4.3 公尺

吸～

雙髻鯊種類很多，最主要為以下三種。

路易氏雙髻鯊	錘頭雙髻鯊	無溝雙髻鯊
	頭部中央無凹陷	
頭型彎曲且凹凸不平		頭型近乎平直 體型巨大

隱藏在「錘子」中的祕密是什麼？

🏷 分類 魚類・雙髻鯊科　　　🍴 食物 海洋動物　　　📍 分布 世界各地

147

「錘頭」是最大特徵，在雙髻鯊的生活中發揮各種作用。

眼睛位於頭部兩端，視野廣闊，容易發現獵物。

頭部也是武器！

重……

嗚哇！

能以寬大的頭部，把大型的赤魟壓制在海底。

路易氏雙髻鯊

「錘子」上分布著許多具有靈敏感測作用的特殊器官。

有研究顯示，錘頭可能用來尋找海中的獵物，或用來探測磁場「分布」。

海中游泳泳
美麗海洋

快來

導覽地圖！

「錘頭」雖然方便，但會增加阻力，可能也讓雙髻鯊有點辛苦。

據說雙髻鯊為了前進所花的力氣，比其他鯊魚大了 10 倍左右……

左喲

60°

無溝雙髻鯊為了容易游泳，會把身體傾斜 60 度，以減少阻力。

冷酷孤獨的海中殺手……？
不少人對鯊魚抱持這樣的印象。

但科學家卻意外發現，
鯊魚過的其實是社會生活。

尤其是雙髻鯊，
會形成巨大的群體！
聚在一起的雙髻鯊，有時甚至
超過 200 隻。

英文中的「群」會依物種不同而使用
不同單字。「魚群」用的是 school，
也是「學校」的意思。

所以鯊魚群也可說是
「鯊魚學校」吧……

不過，有關鯊魚為什麼會成群聚集，
原因還充滿謎團。

因為成年的雙髻鯊幾乎沒有天敵，
既不需要透過群體來躲避天敵追逐，
也不是以群體方式進行狩獵………

隱藏著高度能力的「錘子」內，
或許還藏有
鯊魚溝通之謎的線索。

149

嗚哇！

你竟然……

雖然這時突然提出來有點突兀，
但假設有個神祕外星人，
每年會殺死一億個人類！

人類平時並不反擊，
但偶然間卻把這個外星人殺死了。

哈哈！

嗚呃

其他外星人看到後……

人類怎麼
這麼凶暴！

把人類視為
怪物……

由於憎恨和恐懼，
外星人變得更加迫害人類……

可惡！

嗜血的怪物

人類

別開玩笑了！

你知道後，難道
不會這麼想？

……但是，這正是人類對鯊魚做的事。

人類對鯊魚的恐懼受到強烈的扭曲。

世界上目前已知的鯊魚約有 490 種，
其中曾經攻擊過人類的只有大約 30 種。

另外，造成人類死亡的鯊魚攻擊事件，
全世界每年只有 8 至 12 件。

（比較：河馬導致的死亡約有 3000 件。）

相反的，「人類殺死的鯊魚」每年估計約有 5000 萬至 1 億隻。

相當於「每 1 秒鐘有 3 隻」鯊魚被殺死。

雖然過度捕撈很嚴重，
但單純為了娛樂而捕殺瀕危的鯊魚，
像這樣的人類也不在少數。

從鯊魚的角度看，
人類才是可怕的「怪物」吧。

幹嘛？
幹嘛？

鯊魚從四億年前就已經存在地球上了。
牠們是人類古老的前輩，對生態系更是重要。

為了保育鯊魚，我們必須捨棄成見，
真正的「認識」牠們原本的樣貌。

白鯨

家族形態好比海納百川

愛是……

超越種族……

FAMILY

也能被接受！

17:55/ 37:15

行群體生活的大型白色鯨魚

以別稱「貝魯卡」聞名的白鯨是鯨豚一員。體型巨大，行群體生活，少有天敵。大群體內的成員數量可能超過100頭。從魚類到蟹類等各種動物，都是牠們的食物。

🐟 尺寸 4～6公尺

額隆上的哈密瓜*

＊額隆和哈密瓜的英文都是 melon。

頭頂前方具有脂肪組織，名為「額隆」。

「額隆」可增強音波，用來和同伴溝通或在獵捕時偵測魚類。

做什麼？

貝魯～

據說牠們還能呼喊各自的「名字」。

這種溝通能力除了用在「同伴」之間，還能用在……？

🐾 分類 哺乳類・一角鯨科　　🦐 食物 魚類、甲殼類等　　📍 分布 北極海等

好客的家族 白鯨

口部動作很靈活，具有豐富的表情。

好奇心強，很聰明。

好可愛～～♥

能把累積在口中的空氣噴出，吹泡泡玩耍。

泡泡

遇到人類靠近時……

嘎啪

也能把水吹出，探測海底生物。

噗咻

會開玩笑的驚嚇對方！

長著長牙的「一角鯨」，是白鯨的鯨魚同伴。

孤零零……

曾有一頭一角鯨寶寶跟家人走散，因此迷路了……

這頭迷途的一角鯨寶寶，竟被白鯨群收留。

誰家的小孩？

在平常狀況下，一角鯨和白鯨並不會交流。

但這頭迷路的一角鯨卻融入白鯨群中，還會和群裡的白鯨互相摩擦身體。

這表示牠完全被白鯨「社會」接受了。

泡泡

這是首次觀察到，野生動物把不同物種的動物當成「養子」般收留。

由此可見鯨豚高度的溝通能力，甚至能夠超越「物種的障壁」呢。

你也做得到喔……

緣邊海天牛恐怖！！

頭以外都是「裝飾」!?

只靠頭就能到處遊走!?

把頭給我！

17:55 / 37:15

像樹葉般翠綠的海天牛

棲息在溫暖海域的美麗綠色海天牛。沒有殼，分類上很接近螺，會貼在岩石等地方吃藻類。牠們是雌雄同體，不分雌性或雄性個體，繁殖時扮演哪一方都可以。

📏 尺寸 2公分

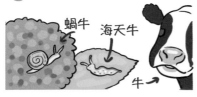

蝸牛　海天牛　牛

殺牛事件!?　哇啊！

有一天，飼養在研究室的海天牛變成了「無頭屍體」……！

……就在此刻，卻有人發現被切掉的「頭」竟然四處活動，大口吃著藻類！

這位發現者是日本的研究生

「海天牛的奇蹟」真相究竟是什麼……？

 分類 軟體動物、海天牛科　　 食物 藻類等　　分布 世界各地的海洋

斷頭的牛
緣邊海天牛

驚人的故事持續進行。

原本只有一顆頭，

但不到一週就開始「再生」，三週後已經幾乎回復完整的狀態！

長……　長長長……

1週

3週

復活！

像海天牛這麼複雜的生物體上，這是第一次觀察到身體再生現象！

我是樹……

緣邊海天牛會從吃下肚的海藻中攝取葉綠素，進行「光合作用」產生能量。

永續發展吧

好重

別名「太陽能發電海天牛」……

或許因為可自製能量，只有頭的緣邊海天牛仍可活動，還能再生出身體。

正如「蜥蜴斷尾」，海天牛可把頭和身體切開，但背後原因仍然不明……

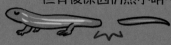

寄生生物！

不要拋棄我

沒有你我活不下去～

我們分手吧！

可能因為把身體切離，可保護自己不受寄生生物危害。

啊！只剩下頭……

長好了！

行得通嗎？

從頭部可再生出身體、透過光合作用達成生存，這些機制若進一步研究清楚，未來或許可運用在人體醫療上。

海天牛隱藏著多樣的可能性啊！

鬼蝠魟

鳥!? 飛機!? 鬼蝠魟啦!!

跳躍之謎!!

為什麼在
空中飛行?!

▶ ❙❙ 🔊 　17:55 / 37:15　　　　　　　◆ ＊ ▭ ⊟ ⊞

吸食細小食物的
巨大蝠魟

鬼蝠魟分成雙吻前口蝠鱝和
阿氏前口蝠鱝兩種。最寬為
7 公尺，體重可達 2 公噸。
牠們和其他魟類不同，並不
吃魚，而把浮游生物吸入口
內食用，口部具獨特構造。

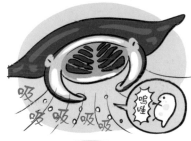

角型的頭鰭
有助於吸入
大量的水。

吸吸吸吸吸　嗚喂

以板狀的器官
「過濾」浮游
生物，然後從
鰓孔排出不要
的水。

🏔 尺寸 4公尺

好重

阿阿阿阿

聖誕老魟魟

被視為孤獨的魟，但是……？

🏠 分類 魚類、鱝科　　　　◀ 食物 浮游生物　　　　📍 分布 印度洋、太平洋等

寬闊的翅膀 鬼蝠魟

鬼蝠魟其實會和其他同伴溝通⋯⋯

牠們具有複雜的社會生活。

據說會有親密交往的個體，
就像「朋友」那樣。

鬼蝠魟的一種
阿氏前口蝠鱝

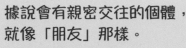

珍珠奶茶
真好吃～

咻嚕——

喇啦

流出來
了啦！

有時會邊畫圓圈邊游泳，
好比跳水上芭蕾
一樣！

牠們也會圍著獵物畫圈游泳，
是團隊一起覓食的合作行動。

交換一下啦！

吸吸吸～吸吸吸

游在團隊最前面的魟，
能吃到最多的浮游生物，
所以成員之間會輪流改變前後順序。

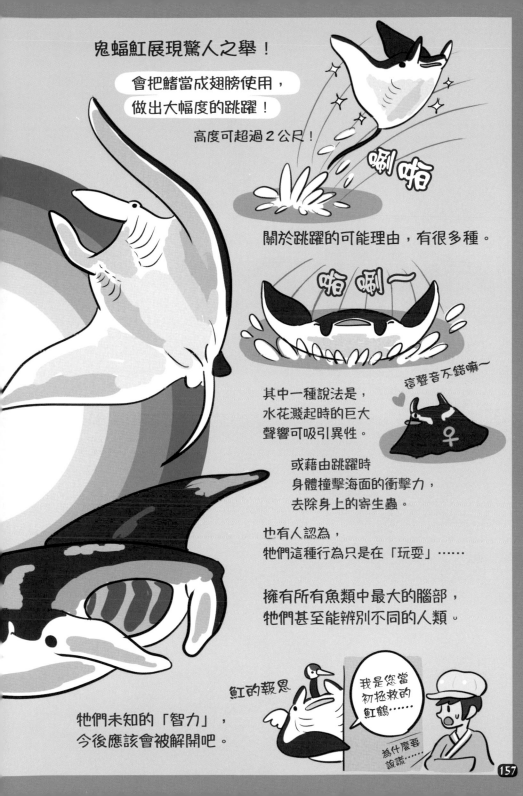

鬼蝠魟展現驚人之舉！

會把鰭當成翅膀使用，
做出大幅度的跳躍！

高度可超過2公尺！

唰啪

關於跳躍的可能理由，有很多種。

啪唰～

其中一種說法是，
水花濺起時的巨大
聲響可吸引異性。

這聲音不錯嘛～

或藉由跳躍時
身體撞擊海面的衝擊力，
去除身上的寄生蟲。

也有人認為，
牠們這種行為只是在「玩耍」……

擁有所有魚類中最大的腦部，
牠們甚至能辨別不同的人類。

魟的報恩

我是您當
初拯救的
魟鶴……

為什麼要
說謊……

牠們未知的「智力」，
今後應該會被解開吧。

157

BLACK!!

鬼蝠魟一般有著黑色的背部，
白色的腹部……
但也有全身黑色的，稱為：

黑鬼蝠魟！

黑鬼蝠魟是全世界稀有的
鬼蝠魟，只有潛水者
曾經偶爾目擊。

黑的
比較讚！

此外，澳洲的大堡礁水域出現過
粉紅色的鬼蝠魟！

這是因為基因突變，
使皮膚的色素變紅嗎？

太過醒目的體色，
大多不利在自然界中生存，
但體型巨大的鬼蝠魟沒有天敵，
即使外觀顯眼，還是滿安全的。

兼具華麗與力量的
海洋大明星，就是鬼蝠魟。

黑色和粉紅色！

還有
普通色

赤蠵龜

塑膠・海洋

幽靈

受威脅的
海洋生物

17:55/ 37:15

受鬼威脅、瀕臨滅絕的海龜

世界上有七種海龜,不過每一種都遭遇瀕臨滅絕的危機。由於海洋裡遍布垃圾,愛吃水母的海龜,有時會把塑膠袋等物體誤認為牠們的獵物,一不小心就吞下肚了。

尺寸 90公分

人類為了生活便利,隨時都會使用塑膠。

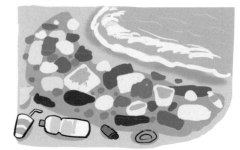

但使用後的塑膠大多遭到丟棄,最後流進海洋,對海洋生物造成重大影響。

海龜正是嚴重受害的一員⋯⋯

分類 爬蟲類、海龜科　　　食物 水母、蝦、蟹等　　　分布 世界各地

159

充滿亡靈的海洋 赤蠵龜

海洋塑膠的存在，
讓魚類、海鳥、海龜、鯨豚等
超過 700 種海洋生物受到傷害，
甚至喪命。

世界各地的海洋中，充斥大量的塑膠垃圾，

根據估計，總共有

1 億 5000 萬公噸。

每年流入海洋中的……還有

800 萬公噸以上！

這樣的趨勢
若不改變，
估計到了 2050 年，

海洋中的塑膠垃圾很可能會
比魚類更多！

真的嗎？

塑膠垃圾最大的問題
是它們無法自然分解。

一旦流入海中，就會存在數百年，
持續對生物造成傷害。

誤把漂流的塑膠當做食物吞下肚的動物，
因為無法消化垃圾，常因此餓死、痛苦至死……。

塑膠垃圾的危險性近年來備受質疑！
包括流入海中的漁網、繩子、釣魚線等漁具……

被稱為「幽靈器材」。

幽靈器材大多是塑膠製品，
會在海中漂流
數十年以上……

可能纏住魚類
或其他動物
而造成痛苦。

會像幽靈般在海中漂流的
幽靈器材，
每年有 50 至 100 萬公噸
流入海洋，
占海洋垃圾的 10% 以上。

為了解決塑膠汙染問題，
有必要盡早訂定國際協定。

人類製造了威脅海洋的
「幽靈」，
能夠「滅鬼打鬼」的，
也只有人類了。

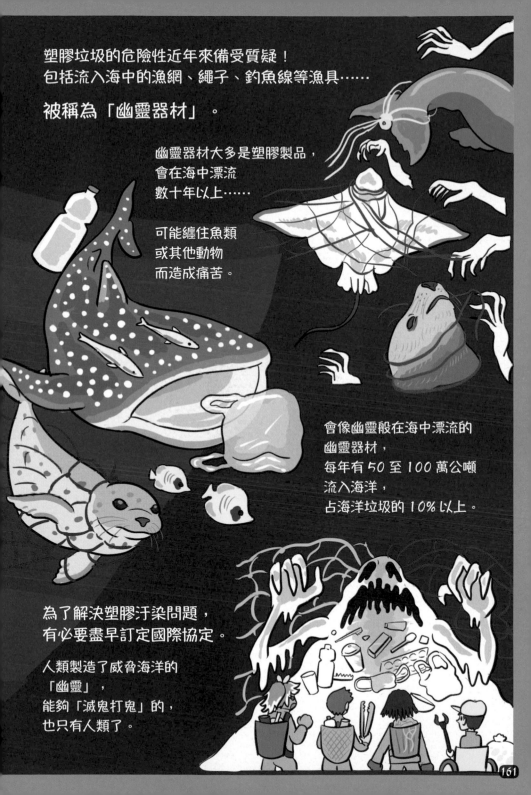

161

海龜是移動距離非常遠的動物。

赤蠵龜誕生後可獨自橫渡大西洋或太平洋，經過幾十年後再回到故鄉的海邊，能力驚人。

順著黑潮橫渡太平洋！

遠遠漫長的旅途……

成長後重返故鄉產卵

甜蜜的家

為什麼海龜在茫茫大海中，卻能做出如此正確的判斷呢……？

祕密好像在於「磁場」。

由於地球具有地磁，海岸線各個地點各有不同的磁場。

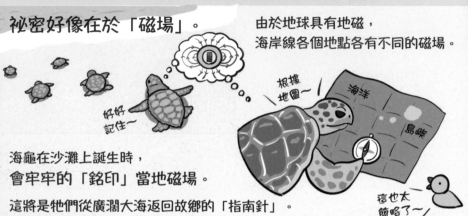

好好記住～

根據地圖～

海洋

島嶼

這也太簡略了～

海龜在沙灘上誕生時，會牢牢的「銘印」當地磁場。

這將是牠們從廣闊大海返回故鄉的「指南針」。

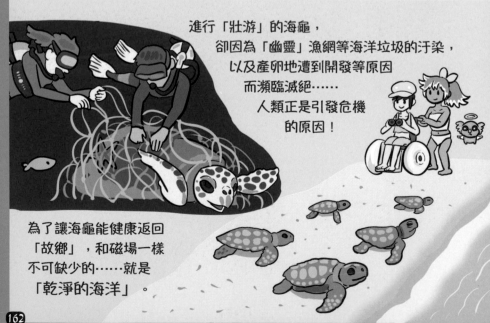

進行「壯遊」的海龜，卻因為「幽靈」漁網等海洋垃圾的污染，以及產卵地遭到開發等原因而瀕臨滅絕……
人類正是引發危機的原因！

為了讓海龜能健康返回「故鄉」，和磁場一樣不可缺少的……就是「乾淨的海洋」。

大翅鯨

跨越海洋傳播的深遠旋律

歌聲能傳到 **6000** 公里外的海洋!?

暢銷排行榜

1. 壞鯨魚
2. 鯨魚花
3. 在海邊奔跑
4. 海水
5. 殘酷鯨豚

▶ ▶ ▶ 🔊 17:55 / 37:15

大型鯨魚的奇妙歌聲

身軀巨大，體長可達 15 公尺，卻以小小的磷蝦（近似蝦子的小型浮游生物）等為食。在海中傳播的歌聲像是反覆呻吟，但非常複雜，有時會連續歌唱幾個小時。

📏 尺寸 16～19公尺

好大

奈良大佛

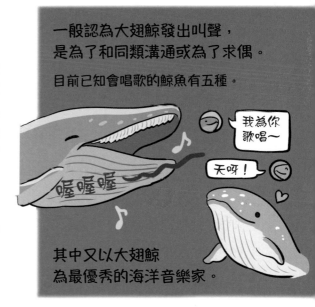

一般認為大翅鯨發出叫聲，是為了和同類溝通或為了求偶。

目前已知會唱歌的鯨魚有五種。

喔喔喔

我為你歌唱～

天呀！

其中又以大翅鯨為最優秀的海洋音樂家。

🔁 分類 哺乳類、鬚鯨科　　　🍽 食物 磷蝦等　　　📍 分布 世界各地海洋

交響樂過境
大翅鯨

以獨特行為聞名的巨大鯨魚！

專吃磷蝦、浮游生物和
小魚等，偶爾也會不小心
吞下海獅！

嗚哇！

能夠以60公噸的

巨大身體大跳躍！

咚！

磅！

長長
的胸鰭

大翅鯨會唱歌。

牠們的歌曲具有非常
複雜的結構。

鯨魚之歌和人類的音樂
一樣，同一個樂句會不斷
重複出現。

鯨札特

曾有音樂家，
為了讓人聽懂大翅鯨在夏威夷外海唱的「歌」，
於是把鯨魚的歌聲寫成樂譜。

鯨魚的歌曲旋律
由不斷反覆出現的短樂句譜成，
通常會持續 5 至 30 分鐘。

耐久！22小時
卡拉OK

不過，大翅鯨最長竟然可持續歌唱 22 小時！

雄性大翅鯨會互相模仿彼此的歌曲。

不知是否為了顯示自己與其他雄性的差別，
雄鯨總是在找尋新的聲音。

也有許多鯨魚都「想模仿」
的「歌」……！

沒錯，就像人類音樂界一樣……

有「暢銷曲」！

防彈座頭團
ZTS

熱門「暢銷曲」會在鯨魚之間流傳，
傳達距離可達地球周長的五分之一。

澳洲西側外海誕生的歌，
可傳到 4800 公里外、澳洲大陸的另一側，
再繼續往東傳，
直到庫克群島或法屬波里尼西亞！

在傳遞過程中，
「暢銷曲」可能逐漸變化，有時會加
上類似打嗝或口哨聲等
的新小節。

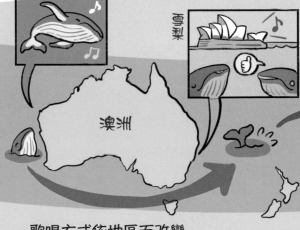

雪梨

澳洲

歌唱方式依地區而改變。

也曾觀察到大翅鯨頭朝下、伸入珊瑚環中，
讓歌聲像在音樂廳中回響！

大翅鯨的歌聲有如波浪傳向遠方。
能以如此壯大的規模「唱歌」的動物，真是獨一無二。

大翅鯨還有其他驚人「文化」？

啊哇……

啵

啵
啵

啵

從海洋上方往下看……

大翅鯨的「文化」不只有唱歌而已。

還有「泡泡網捕獵法」，
也就是邊吐氣泡邊畫圓圈追趕獵物。

唰！

嗚哇！

啪！

這種狩獵技術具有各種
不同的變化。

例如：
鯨尾拍水捕獵法
也就是用尾鰭多次拍打水面，
製作泡泡包圍網。

嘶
啪

很會嘛！

鯨魚之間也會彼此
交流、模擬，學習
新的技術。

如此一來，
技術會如同「文化」般傳承下去。

人類以為只有自己是
擁有「文化」的特別動物。

但鯨魚卻在人類
構築文明前的古老時代，
就已經在太古的海洋中
游泳了。

最早在地球上具有「文化」
的動物，或許是鯨魚呢……

第4章

動物與人類

連結與未來

Zootube
思考看看!!

動物和人類之間的關係
接下來會如何演變呢？！

說到和人共同生活的動物，最常見的是狗和貓，另外，也有牛和蜜蜂這類與人類「飲食」息息相關的動物等等。讓我們認識像這樣生活在人類周遭的動物，好好思考一下動物和人類的未來！我們只有一個地球，人類必須和動物共同生活，照亮彼此的未來！

詳情請見 第**199**頁

貓的本性其實是……

一般熟知的貓，以可愛寵物聞名，但貓不只可愛而已，還是可怕的狩獵者……？

黑猩猩的溫柔是……

黑猩猩很聰明，能夠和其他動物交流，又有溫柔的心。但牠的溫柔變成怒氣時會怎麼樣呢？

山貓

詳情請見 第**191**頁

穿山甲和人類的意外關係

一般不太熟悉的動物穿山甲，其實和人類的生活大有關連……？

詳情請見 第**195**頁

驚人技能！

狗（家犬）

了不起的力量

以隱藏的力量……

透視

未來

太陽　惡魔

魔術師

愚者　戀人

從久遠之前就和人類共同生活的狗

狗和人類從數千年前就展開深厚的關係。進入人類生活的狼成為了狗，聰明而擅長溝通，具有協助狩獵的優秀能力，藉此和人類構築起信賴關係。

尺寸　15公分～1.5公尺

你好高傲

最大品種 大丹狗

最小品種 吉娃娃

在各個歷史場景中，都有狗和人類共同生活的畫面。

亞歷山大大帝的愛犬
現代大型犬的原型：
摩羅修斯犬

祖先？

狗的哪些特色，
對人類來說是獨特的呢……？

分類 哺乳類、犬科　　食物 肉食科（雜食）　　分布 世界各地

173

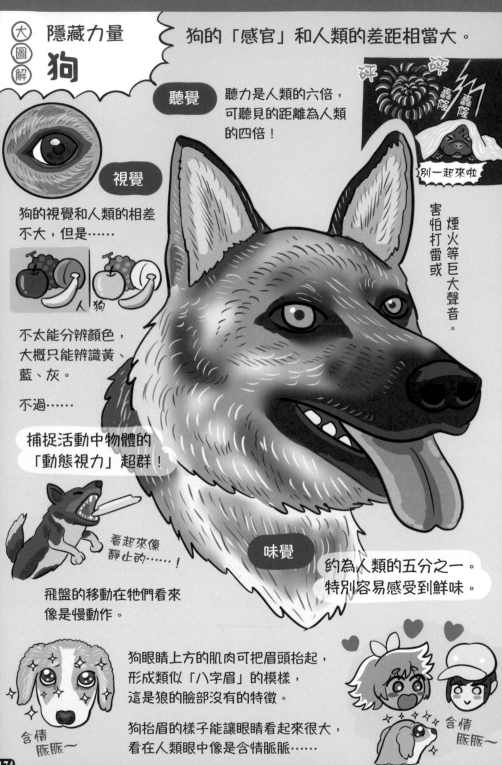

大圖解 隱藏力量 **狗**

狗的「感官」和人類的差距相當大。

聽覺
聽力是人類的六倍，可聽見的距離為人類的四倍！

別一起來啦

害怕打雷或煙火等巨大聲音。

視覺

狗的視覺和人類的相差不大，但是……

人 狗

不太能分辨顏色，大概只能辨識黃、藍、灰。

不過……

捕捉活動中物體的「動態視力」超群！

看起來像靜止的……！

飛盤的移動在牠們看來像是慢動作。

味覺

約為人類的五分之一。特別容易感受到鮮味。

狗眼睛上方的肌肉可把眉頭抬起，形成類似「八字眉」的模樣，這是狼的臉部沒有的特徵。

狗抬眉的樣子能讓眼睛看起來很大，看在人類眼中像是含情脈脈……

含情脈脈～

含情脈脈～

嗅覺的祕密

狗最靈敏的感官，再怎麼說都是嗅覺。
據說靈敏的程度是人類的數百萬倍。

左右鼻孔能
各別嗅聞氣味。

右側鼻孔可偵測
不熟悉的氣味……

左側鼻孔可偵測
熟悉的氣味。

你是
什麼？

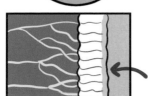

鼻子的黏膜上遍布著可感受氣味的受體。
受體數量多達 3 億，是人類的 60 倍！

狗鼻子能夠「超越時空」！？

狗能根據氣味「看見」眼睛看不見的東西。
最厲害的是能夠看見「時間」。

探尋
失去的時間

瑪德蓮
犬糕

聞
聞

狗能夠以氣味來探尋「過去」。
某地曾有什麼東西、來過哪些人或動物，
或曾有過什麼感受……
這些情報都能藉由「氣味」取得。

牠們甚至能根據氣味「預知未來」！
例如在散步途中，可根據轉角傳來的氣味
預知接下來會出現什麼。
也能根據空氣中的氣味預測天氣。

痛
扣扣

昨天

嘩
啦

明天

那棵樹怎
麼了？

即使面對相同的東西，
狗能「看到」的訊息可能
遠遠勝過人類得到的情報。

在這個世界上，「眼睛看得見」的東西並非全部。
狗把這件事情教給人類，真是我們的好朋友。

還有喔！狗狗了不起的力量

狗還具備了比「嗅覺」更優秀的能力……
牠們能察覺人類的心情或意圖，並產生共鳴。

狗對人類的心情很敏感，
能藉由優秀的嗅覺，
立刻察覺人類的荷爾蒙變化。

悲傷的氣味……!?

嗚嗚

緊張的狀況

對不起……

開心的狀況

把飼主在異常或平常
（緊張／快樂）穿的
襯衫拿給狗……

嗅 嗅

狗會不停嗅聞前者！
可見人的緊張情緒會傳達給狗。

透過「打呵欠」，證明了人和狗之間的牽絆。

在身為狗祖先的狼群中，
呵欠會在群體中傳染……

啊嗚……
呵呵～
呵……
睏了就去睡

人類的呵欠
也會傳染給狗！

呵呵

忍不住也打呵欠了

牠們是少數能夠顯示對人類
有共感的動物。

狗對人類的行為或情感能夠
很靈敏的產生反應，
這應該是人和狗共同生活了
數千年、擁有漫長共處歷史
的結果。

「共感」可能才是狗最
大的力量……

繩紋時代

真好吃

一萬年後
（現在）

牛

「養」肉救地球？！

牛是創造出來的!?

從「無」到有的肉

▶ ▶❙ ◀ 🔊 30:51/37:15

最喜歡的美味牛

吃植物長大的牛，具有柔軟的肉質，深得許多人喜愛。研究者在實驗室嘗試以人工方式製造牛肉，最初完成的「人造漢堡肉」居然花費了3500萬日圓才製作出來。

脹大

滋～

35000000日圓!?

鏘——鏘！

🔺 尺寸 依品種而不同

歡迎……
我要大哞克套餐！

有必要花那麼多錢來「製造」肉類嗎？

這背後牽涉到人與牛的關係。

🐾 分類 哺乳類‧牛科　　　🍃 食物 植物　　　📍 分布 世界各地

177

邁向未來
牛

牛對人類的飲食生活來說，
一向是不可或缺的動物。

從前牛隻養在廣闊的土地上，
現在則透過類似「工廠」的系統化流程
大量飼養，以因應需求。

這種結構稱為「產業化畜牧」。

夏洛萊牛

原產於法國
的大型牛

黑毛和牛
以世界第一美味
聞名的日本牛

海弗牛

全世界飼養
最多最普遍
的牛

但根據推測，
全世界人口會在 2050 年達到 97 億，
為目前的 1.8 倍。也就是說，
人類對牛肉的需求會跟著增加。

2050
97 億人

給我肉！

以目前的畜產方式，
應該無法因應未來人類
「想吃肉」的需要。

因為飼養牛隻需要大量的飼料、
水及放牧地點，
對環境的消耗很大。

為了取得
放牧地而
砍伐森林

嘎

嘎 嘎 嘎

牛打嗝
釋出的甲烷
會加速地球暖化

嗝

嗝
嗝
嗝

換句話說，產業化畜牧不是一種「永續」的系統。

想要解決這個難題，第一步是人類必須「減少食肉量」。

我是原料（騙人）

黃豆牛

蔬食生活

我就太……

我喜歡蔬菜

以黃豆等
植物性蛋白質
製作「替代肉」

黃豆 黃豆肉

除此之外，現在飽受注目的是……

以細胞「製造肉」的技術，這種肉叫「培養肉」！

培養肉的製造方式

從牛等家畜
採取細胞

放進培養液中
讓細胞增加……

製造出大塊
的肉類組織

還做不到那麼大

還不行

1公分

最初用培養肉製作的漢堡肉，價格高達 3500 萬日圓！

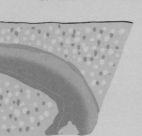

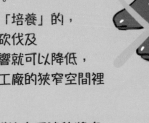

但目前成本已降到原本的
三萬分之一左右。
如果肉類也能用「培養」的，
畜牧造成的森林砍伐及
對地球暖化的影響就可以降低，
也不需要在類似工廠的狹窄空間裡
飼養大量牛隻。

這個肉以前
好像是動物

野生肉？

或許在不遠的將來，
「便宜、好吃、健康、對環境及動
物友善」的人工肉，
有機會取代現在的「肉」。

人類與動物的未來，
就看我們如何面對「肉」……
及「牛」了。

酷牛大選

具有一公噸以上超重量級體型的「牛中之王」。奔馳紀錄為時速65公里。

具有反擊肉食動物的力量！既長且粗的角非常醒目。

美洲野牛

非洲水牛

印度野牛

肌肉非常發達。

是最大的野生牛！

德州長角牛

兩角的寬度可達3公尺。

黑尾牛羚

成群時的氣勢，沒有動物擋得住。

史前洞窟壁畫

原牛

個性強悍的野生牛，約在一萬年前變成家畜，是現代牛的祖先。

雄性出生數年後，毛色會變成美麗的金色。

秦嶺羚牛

不論牛具有什麼樣的未來，絕對不會失去牠們的魅力哞……

天竺鼠

噗伊噗伊・歷史

心愛吉祥物的歷史

起初是食物!?

焦脆

万死老喬

噗伊

噗伊

噗伊 噗伊

MOL MAX
-PUI-PUI-ROAD

▶ ▶| ◀ 🔊　　30:51 / 37:15　　● ✱ ▢ ⊟ ⠿

不只可愛、還和人類有一段歷史的鼠類

又稱豚鼠，和老鼠一樣屬於嚙齒類。並非來自天竺（印度），而是南美洲。過去在山區等地吃草和果實度日，現在已經沒有野生的。和人類打交道的歷史既深且長。

🐾 尺寸 20～40公分

水豚

呼～

日文別名「鬼天竺鼠」

這是天竺鼠的祕密

噗伊噗伊是叫聲

噗咿噗咿

肚子餓或興奮時的叫聲！聽起來像警鈴。

地震!?

是天竺鼠啊

爆米花跳躍

興奮時就會跳躍。

英文為 popcorning

啵的跳起來喔

爆～喔

只不過無法跳得很高。

噗伊噗伊！
天竺鼠

天竺鼠與人類間的歷史可回溯到非常久遠之前。古代印加人把南美的野生天竺鼠變成了家畜，最大的目的竟是……

食用！

（因為很容易飼養。）

印加駱馬像

盡量吃 嘎嘎 嘎嘎

噗伊

要嗎？

烤天竺鼠

西班牙人征服南美洲並帶回天竺鼠，使天竺鼠的飼育在 16 世紀左右傳入歐洲並散播開來。

可愛程度值千金……

把錢給我

此後天竺鼠在歐洲各地受到飼養，極受歡迎。

喝牛奶嗎？

嗯～

不行喔

接下來牠們成為實驗動物，「獻身」給醫學等發展……

經過多次品種改良後，牠們成為可愛的寵物，在世界各地備受喜愛。

我是天竺鼠……

長毛種

天竺鼠和人類的生活有著深厚的關係，讓我們懷抱敬畏的心，傾聽牠噗伊噗伊的叫聲吧！

噗咿 噗咿

地震!?

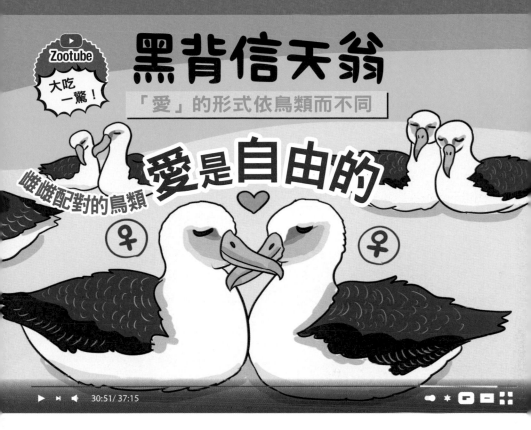

黑背信天翁

「愛」的形式依鳥類而不同

雄雌配對的鳥類 **愛是自由的**

▶ ⏭ 🔊 30:51 / 37:15

在海面上飛翔 象徵愛情的鳥類

黑背信天翁是大型海鳥，在海面上飛翔、以魚類為食。雄鳥和雌鳥會合作育雛，被視為理想夫婦的象徵。但研究結果發現了牠們愛情的真實樣貌。

尺寸 80公分

竟不屑一顧？

笨蛋

烏鴉

信天翁「伴侶」之間具有很強的牽絆，大多和選擇的對象持續在一起……

反正這個世上…… ♂

天皇 × 皇后

總是男與女…… ♀

這種「伴侶」關係有時長達數十年之久。

不過…… 信天翁伴侶的配對並不受限於……

「雄性和雌性」！

唉？

分類 鳥類・信天翁科　　食物 魚、蝦、蟹等　　分布 北太平洋

美麗的翅膀
黑背信天翁

日文中又名「海邊的小太夫」。
（信天翁是「海邊的太夫」）

翅膀展開
可達 2 公尺！

雌雄的外表
看起來一樣。

特徵是眼周具有
黑色的「眼影」。

在夏威夷州歐胡島的
黑背信天翁群聚地，發現……

大約有三成的「配對」
是「兩隻雌鳥」組成的
「同性伴侶」！

皇后 × 皇后

嘰～

愛人～
我要獻給你♪

好了就說
一聲

進入繁殖期之後，
準備育雛的雌性黑背信天翁，
會跟雄性交配受精。

在這個階段，
「雌雌」跟「雌雄」
配對並沒有不同……

愛人

鏘鏘
！

久等了～
親愛的～

丂要叫我
親愛的～

但雌性受精後，
有部分並不會和交配的雄性
結成「伴侶」，
而是和其他雌性在一起！

184

好癢……♡

呵呵

♀ ♀

黑背信天翁的雌雌「伴侶」
和雌雄配對一樣，
會彼此為對方理毛，
表現出親密的「愛情行為」。

雌雌配對也像雌雄配對一樣，
會輪流孵蛋，每三週輪一次，
直到蛋孵化為止，
再一起養育雛鳥。

要幸福喔～
愛人……

帥氣的離去

我是媽媽①

我是媽媽②

我是蛋

雛鳥

變成雛鳥

我是媽媽②

我喜歡
媽媽①

育雛成功後，
有的配對會更換
伴侶……

我的戀情像

一束花……

親愛的

海浪叫我
親愛的

親愛的

十年了呢……

有的伴侶
關係會維持
數十年。

黑背信天翁的群體內雌性占多數，
幾乎是整體的六成。

未和雄性鳥類配對的雌鳥，
一起合作育幼的行為，
似乎對繁殖後代是有益的。

♂
♀

把伴侶從雄性換成雌性，
或由雌性換成雄性的狀況，也很常見。

「愛情鳥」的戀愛內幕，
可能比人類所想的更自由也說不定……

有好的
鳥對象嗎？

信天翁交友軟體

不為人知的動物之「愛」

什麼!?
都是雌鳥!

現在才
發現?

♀

♀

＊雌雄在外表上看起來一樣。

長久以來，人類社會中的「愛」，
一般都是指「男女之愛」。

所以人類對動物世界中的「相愛」，
也就是配對，經常先入為主的以為是
「雄性配雌性」。

黑背信天翁的研究者也是到了最近，
才發現「雌雌配對」的存在。

「說到愛，就是雄性和雌性」……

不過……
像是要顛覆這種刻板印象似的，
許多動物展現了（人類所說的）
「同性戀」之類的行為。

蝙蝠

逆向「談情說愛」。

長頸鹿

雄性伴侶的性行
為相當常見。

企鵝

動物園等地
可見到不
少同性的
伴侶。

侏儒黑猩猩

性行為進行交流。

同性間會以親密的

人類的「愛」和動物的「愛」
究竟有多麼相似，
還留有許多未解之謎。

但是，隨著人間「愛情」的多樣
逐漸為社會所接受，
對動物多樣「愛情」的理解，
應該也會漸漸加深吧。

嗚哇!

蜜蜂

嗡嗡嗡，謝謝嗡

英雄出擊

蜜蜂救地球！！

30:51 / 37:15

左右人類
未來「飲食」的蜜蜂

蜜蜂在花間飛舞，收集花蜜與花粉食用。蜂群具有高度的社會性，由蜂后及工蜂等扮演不同角色，各具任務。蜜蜂集合群體之力，甚至可能驅趕天敵虎頭蜂。

尺寸 5～15毫米

走開

分點蜂蜜給你嗎？

蜜蜂收集到的「蜂蜜」，對人類來說一向是美好的天然甜味。

嗡 嗡 嗡 嗡 嗡

現在，養蜂採蜜的「養蜂產業」更已成為重要的行業。
蜂蜜在世界各地深受喜愛。

不過，比起生產蜂蜜，蜜蜂有著更重要的角色……？

分類 昆蟲・蜜蜂科　　食物 花粉、蜜　　分布 世界各地

支撐人類的飲食
蜜蜂

蜜蜂採集花蜜製造蜂蜜。

但牠們在自然界最重要的角色，
其實是花粉的「搬運工」。

植物繁殖時，
雄蕊的花粉必須傳送到雌蕊上，
讓雌蕊「受粉」，
因此不能缺少蜜蜂等昆蟲
的協助。

好吃
好吃
好吃

完全免費
吃到飽！

美食外送
UBee Eats

久等了

蘋果

杏仁

天下沒有
白吃的
午餐

謝謝
招待♪

啊啊啊

花粉會黏在蜜蜂
的毛上……

當蜜蜂移動時，
會連帶搬運花粉，
幫植物授粉。

咖啡豆

櫻桃

高麗菜

這類動物稱為「授粉者」。

對人類的飲食生活來說，
授粉者是不可或缺的重要角色。

人類吃的許多蔬菜和水果，
都需要授粉者的協助。

可可

芒果

人類食用的每一種作物，
及多達 85% 的水果，
都由蜜蜂等蜂類負責授粉。

蜂類等授粉者帶來的經濟效益，
居然高達 66 兆日圓左右！

感謝一下
吧！

喻
喻喻

不過，據說蜜蜂「出事了」……

在 2006 年前後，美國發生大量工蜂「失蹤」的事件，
被留下的蜂后和幼蟲因此全部死亡……

這種現象稱為「蜂群崩壞症候群」，
簡稱 CCD，發生在全美各地。

假如蜜蜂「崩壞」，人類飲食也會「崩壞」……

洋蔥

胡蘿蔔

蘆筍

莓果

花椰菜

茄子

目前已知世界各地的蜂類，
包括蜜蜂在內，
在過去數十年間減少了 25%。

這種大規模減少的原因尚在調查中……

農藥（類尼古丁殺蟲劑）

噴

寄生蟲

蜜蜂蟹蟎

阿阿……

地球暖化

好熱

……以上可能是主要原因。

蜜蜂不僅幫助植物授粉，在生態系中扮演不可缺少的角色，
也是人類豐富飲食生活的「救生索」。
守護陷入危機的蜂，也是為了守護人類。

和蜜蜂一樣，許多昆蟲對於守護地球環境同樣不可或缺。

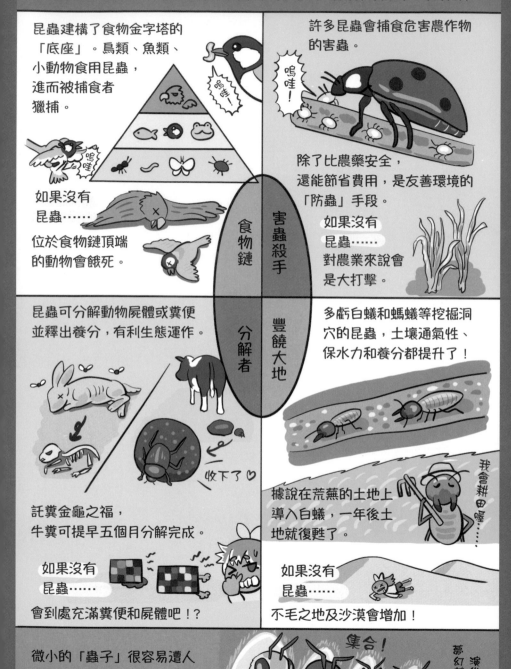

昆蟲建構了食物金字塔的「底座」。鳥類、魚類、小動物食用昆蟲，進而被捕食者獵捕。

嗚哇！

嗚哇！

如果沒有昆蟲……
位於食物鏈頂端的動物會餓死。

許多昆蟲會捕食危害農作物的害蟲。

嗚哇！

除了比農藥安全，還能節省費用，是友善環境的「防蟲」手段。

如果沒有昆蟲……
對農業來說會是大打擊。

食物鏈

害蟲殺手

分解者

豐饒大地

昆蟲可分解動物屍體或糞便並釋出養分，有利生態運作。

收下了♡

託糞金龜之福，牛糞可提早五個月分解完成。

如果沒有昆蟲……
會到處充滿糞便和屍體吧！？

多虧白蟻和螞蟻等挖掘洞穴的昆蟲，土壤通氣性、保水力和養分都提升了！

我會耕田喔……

據說在荒蕪的土地上導入白蟻，一年後土地就復甦了。

如果沒有昆蟲……
不毛之地及沙漠會增加！

微小的「蟲子」很容易遭人輕視，但牠們其實是在幕後守護地球的「真英雄」。

集合！

夢幻共同演出……

黑猩猩

本性是血？還是愛？

真實的樣貌是如何？！

殘忍的「剷除」擋路者！？

暴力

愛情

疼愛其他動物……？

▶ ⏭ 🔊　30:51 / 37:15

跟人類最接近的動物真面目是什麼？

靈長類，以數十隻的群體在森林中生活，由最強的雄性擔任領袖。採摘果實或襲擊其他動物食用，什麼都吃。有時也會為了爭奪領域而跟其他黑猩猩群戰鬥。

🐵 尺寸　60～90公分

澆花的黑猩猩

和敵對群體之間的爭鬥，有時會發展成互殺……

也曾經有黑猩猩群中，發生同群內的夥伴殺死領袖的事！

這麼殘酷的行為，是黑猩猩的「本性」嗎……！？

🔵 分類　哺乳類、人科　　🟢 食物　植物、其他動物等　　🔴 分布　非洲

演化上的鄰居
黑猩猩

生活在非洲大陸赤道附近的類人猿！

是公認跟人類最接近的動物，
有 98% 以上的基因序列
和人類的相同。

別擋路
別擋路

和人類的共通點非常多，很聰明，
也會使用「工具」。

會對樹枝加工，
用來把昆蟲
拉出巢穴。

戳
戳

以樹枝擊落無人機！

嗚哇！

不過黑猩猩和人類的共通點，
不只在聰明，還有……

沒錯，是暴力。

只要覺得是「絆腳石」，
為了爭奪雌性或其他事物，
就連同群中的夥伴或
原來的「老闆」，
都可能施加暴力排除阻礙！

甚至剝奪生命……！

另一方面，黑猩猩是「共感力」非常高的動物。

不只對同伴，就連對其他物種，
牠們都能「感同身受」。

和走失的麝香貓玩。

山貓

以不造成傷害的
方式溫柔對待。

還有……也曾經有圈養中的黑猩猩
衝到「裝哭」的人面前，
做出類似「安慰」的行為。

怎麼了？

嗚～嗚～

但「共感力」也是暴力的根源。

因為「那傢伙很礙事！」而憤怒，
因為「那孩子好像很難過」而同情，
這兩種狀況都是因為其他動物而產生
劇烈的「情緒變動」。

殘酷和溫柔
就像硬幣的
正反兩面……

就算是同伴，
只要礙事就想排除的「暴力」，
以及能喜愛別種動物的「共感力」，
都是黑猩猩的一部分。
牠們究竟是「暴力的可怕動物」，
還是「滿溢同情的溫柔動物」？

答案：都是，也都不是。

黑猩猩就像牠「演化上的鄰居」，也就是我們人類。

黑猩猩會照顧身體有障礙的孩子！

曾有研究人員發現，有隻黑猩猩媽媽身邊帶著重度身障的小黑猩猩。

一般認為，小猩猩要是腳力很弱抓不緊媽媽，或是胸部有腫瘤，在嚴酷的自然環境中可能很快死亡……。

左手長了六根手指

但由於媽媽和姊姊全心照顧，其他同伴也公平對待，那隻小猩猩雖然重度身障，卻在野生環境中活了很久。
（比原本預想的更久）

這也是黑猩猩具有高度共感力的證據。

這個發現或許能帶來啟示，讓我們更理解人類社會對殘障人士的照顧，將會如何「演化」。

小蕨坐輪椅，應該有各種不方便的事吧。

嗯，對啊……

如果不好好幫助有障礙的人，應該會被黑猩猩恥笑吧……

嗚嗚～

小璐竟然會講出這麼正經的話……，讓我感動到落淚呢。

討厭，不要假哭啦。我很認真吔

怎麼了？那傢伙惹你嗎？

啊！

才沒有！

穿山甲

被打開的「潘朵拉的盒子」！

擅長以堅硬的身體自保⋯⋯

但可能感染新冠肺炎！？

▶ ▶ 🔊　30:51 / 37:15

以堅硬鱗片保護身體
稀有的哺乳類

會把身體蜷起來保護自己，用長長的舌頭舔白蟻吃。雖然跟犰狳很像，但演化道路其實不同。穿山甲有著突出的鱗片，有些種類在樹上生活。又名「鯪鯉」。

 尺寸 50公分

這是哪？　大小跟貓差不多　暖被桌

鱗片的成分和犀牛角或人類指甲一樣，都由「角質」構成。

原來如此～

好硬　好硬

穿山甲寶寶誕生後的半年內，都是由媽媽揹著移動。

穿山甲和傳染病有什麼關係呢⋯⋯？

🏠 分類 哺乳類、鯪鯉科　　🍴 食物 昆蟲、甲殼類等　　📍 分布 澳洲

195

穿山甲

關於襲擊全世界的新型冠狀病毒肺炎*，
有人認為這項疾病的擴散……

和穿山甲有關。

*簡稱新冠肺炎。

新型冠狀病毒

新冠病毒既會
感染動物，也
會感染人類。

貓也會感染

從馬來穿山甲組織中取出的
新冠病毒基因，
和新冠肺炎病毒的基因
約有 90% 的相似度。

新冠病毒原本
的宿主很可能
是蝙蝠。

蝙蝠

穿山甲

？

人類

南非穿山甲

另外有研究指出，
穿山甲可能是連接蝙蝠與人類之間的「中間宿主」。

穿山甲是「全世界違法交易最多的哺乳類」。

在過去的十年內，遭遇盜獵的穿山甲估計
多達 100 萬隻左右。
有些亞洲國家把穿山甲肉視為高級食材。

需求量更高的是穿山甲的鱗片。

穿山甲鱗片被視為傳統藥材……

在傳統療法中，認為穿山甲鱗片對氣喘或癌症等等疾病具有療效。

毫無科學根據……

亞洲和非洲共分布著八種穿山甲。

歐洲也在走私路線中

中國

非洲

日本也參與了？

穿山甲違法商品會出貨到美國

亞洲的穿山甲數量已經遽減……

所以走私買賣的人，開始對非洲的穿山甲下手……

跨國違法交易目前仍舊持續進行……

至於新冠肺炎的起源，目前仍充滿謎團，尚待調查。

一般認為走私買賣增加了穿山甲和人類接觸的機會，可能因此把新冠肺炎病毒傳染給人類。

我們又是壞蛋

為了動物，也為了保護人類，全世界的人必須齊力合作。

非洲的鬼殺隊
組織犯罪對策部隊

是「誰」保育了穿山甲？

說起來很諷刺，
這次新冠肺炎造成的騷動，很可能成為
保育穿山甲的有利條件。

中國有九成的
民眾支持全面
禁止野生動物
買賣交易。

一般大眾對問題的意識升高，
傳染病危機的影響也開始廣為人知，
種種因素都讓中國開始採取行動保育穿山甲。

首先，
穿山甲的野生生物保育等級
從「2 級」提升到最高的「1 級」。

> 1 級是跟大貓熊相同的等級。

此外，在傳統藥材的認可清單中，
穿山甲鱗片也被刪除了。

竹子好
吃嗎？

咬
咬

↑
穿山
禰豆子

熊治郎

- ☑ 魚腥草
- ☒ 穿山甲鱗片
- ☑ 藍色石蒜

雖然課題還很多，
但以上的行動和策略，
已是邁向穿山甲保育的一大步。

盜獵行為導致野生動物與人類的距離變近，
森林砍伐等自然破壞現象，更是讓人與野生動物的接觸變得頻繁，
近而增加感染疾病的可能。

人類侵入動物領域而引發傳染病大流行，
可說是自然的強烈反撲。

現在該重新檢討人與動物的關係了。
若人類不和野生動物保持適當的距離，
大自然總有一天會以料想不到
的方式打擊人類。

貓（家貓）

這個星球已經是貓的了

Zootube
大吃一驚！

地球已經成為
貓之星

▶ ▶▏ ◀ 30:51/ 37:15 🔊 ✦ ▭ ➖ ⊞

地球上最繁榮的動物？

一般認為地球上飼養的貓已經超過五億隻，以中型體型的哺乳類來說，這是非常驚人的數字。擅長運用跳躍力及速度進行狩獵，自古以來就和人類構築了合作關係。

🐾 尺寸 46公分

貓驚人的繁榮背後，不用懷疑，原因正是「人類」的存在。

生存數量 **500,000,000!!**

家貓

獅子 20000
老虎 3000

當其他貓科動物數量銳減的同時，家貓卻因為人類的寵愛而獲得穩固地位。

隱藏在家貓身上的祕密是什麼……？

🚪 分類 哺乳類、貓科　　🍖 食物 肉食　　📍 分布 世界各地

大圖解 追趕跑跳 **家貓**

人和貓的關係
具有漫長的歷史，
來回溯看看。

大約在一萬年前的新石器時代，
人與貓的關係在中東地區展開。

最初進入人類生活的，
據說是「非洲野貓」。

嗚哇！

最有力的說法是，
人類為了獵捕老鼠
而開始飼養貓。

過了幾千年後，
貓開始在古埃及受到喜愛。

王子棺木
上繪有貓
圖案

古埃及神話中的
貓之女神
芭絲特

過來

早從遠古時代開始，
貓一直飽受人類的「寵愛」，
直到今天，貓咪仍然受到
無止無盡的喜愛……

這種現象不只出現在世界各處，
就連在網際網路的虛擬空間裡，
貓都是「最強」的熱門角色。

讚!!

為什麼貓會如此受寵呢？

可能是因為貓臉和人臉（特別是小孩的臉）具有不可思議的相似程度。

貓的眼睛非常大，和人眼的大小差不多。

而且貓的長相非常均衡，因此對人類相當具有吸引力……

乖孩子

我其實是阿嬤了

已經可以了

但是！
貓咪長相會那麼可愛，其實是因為牠是「掠食者」。

喵……

貓的兩眼位在臉部正前方偏向中心位置，這是為了可正確測量距離，好迅速撲向獵物。

遠古時代曾獵捕人類祖先的肉食動物，也具有同樣的特徵。
這些特徵至今仍留在貓咪的長相上。

但貓咪強烈吸引人類的，也正是牠的長相……

貓，果然是深不可測的動物呢。

吼 吼 吼 吼 吼

貓咪無極限

!?

好可愛♡

備受人類寵愛的貓，
在生態系中其實是可怕的
「怪獸」。

流浪貓和遊蕩的家貓
會殺死大量的
野生鳥類和小動物，
這是不容爭辯的事實。

有調查結果顯示，
每年有數十億隻鳥類、數百億隻小動物死在貓爪之下！

狩獵 無止盡！

嗚哇！

HP 降低……

狩獵過度……

嚕嚕

一般來說，
掠食動物若過度獵殺，
之後會找不到獵物，
使物種本身數量變少，
因此可保持平衡……

但貓咪有人類的愛，
以及隨之而來的食物，
所以永遠不挨餓，
於是成了「無敵」的掠食者。

狩獵

嗚哇

無止盡！

HP 恢復！

很好！

才不好

但若縱容貓咪四處遊蕩，採取放養的方式，
其實會威脅貓本身的性命。在外遊蕩的貓容易遇到
事故，壽命通常不比養在室內的貓。

為了不讓貓咪變「怪獸」，
並保護貓咪本身，
請盡量別讓貓在外遊蕩。
這是把貓視為世界上最萌動物的
人類應盡的義務……。

「居家」最棒

過去因為人類的捕獵，
以及棲息地遭受破壞而
消失的動物……

麋鹿

狼

竟然陸續出現了……
牠們在杳無人煙的
街道和大自然中，
自由的活動。

蒙古野馬

就連原本在這個區域中很罕見的動物，
也出乎意料的一一現身。

歐亞猞猁

日本獼猴
（福島）

據說在日本，2011 年發生核災的
福島，禁止進入的區域中也發生了
同樣的現象。

遊隼

當然，
可怕的事故不能再發生，
我們也不確定核災事故對動物
造成了什麼影響。

但有一件事是明確的……

不論是動物或大自然，即使一度受傷，
仍然擁有復原的神祕力量。

205

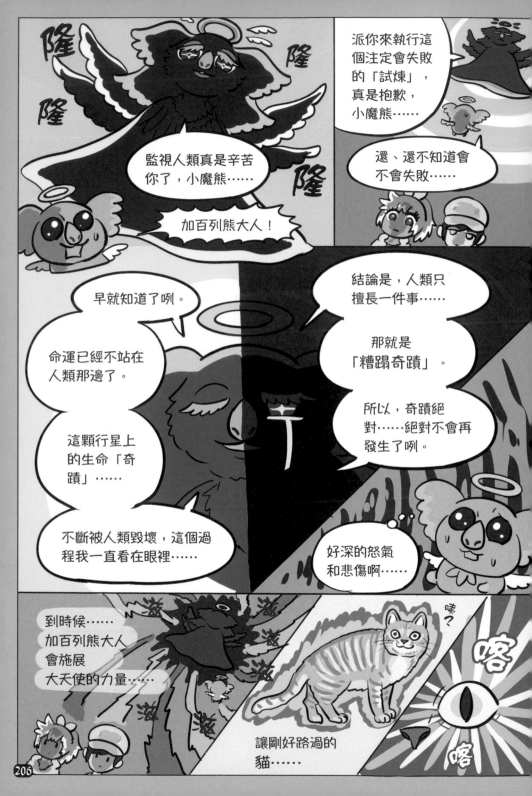

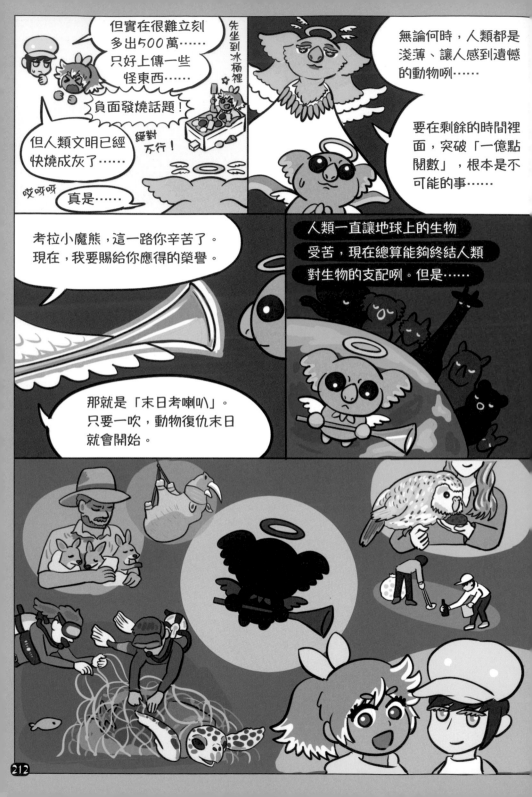

214

巨大化動物進攻人類社會的
動物復仇末日「幻象」，
開始透過小魔熊的天使力，
在頻道上直播。

可怕的畫面立刻引發風潮，
傳遍世界各地……

謎樣生命體「小魔熊」傳達的
動物復仇末日影像充滿了毀滅性，
讓觀眾備受衝擊，
也有人懷疑影片內容做假，
各種反應都有……

小璐和小蕨的頻
道點閱數，最後
在「試煉」即將
終止前突破了
「一億」……

100,00,000

小魔熊……
違反天使戒律會有
什麼後果，你應該
知道吧……

你到底為什麼要
做這種事……？

……

我自己也……
「不知道」……

215

不過……總算暫時拯救了人類。

……只是暫時喔。

……哼，只好認了。你們兩人暫時達成了「試煉」……

依照之前的約定，「兩人的頻道只要突破一億次點閱數，動物復仇末日就會終止」。

過程先不談，但「規矩」不能改咧……

閃亮

不過！最後的影片顯然是小魔熊做的，算是違規行為咧！

考拉小魔熊，你會受到很重的「處罰」……

然後……你們兩人也不能說是完全達成「試煉」！

所以動物復仇末日並不是「終止」，只能算是「無限延期」。

這次行動雖然「告吹」……但動物的怒火並沒有消失。

總有一天，天使會再給人類新的試煉。

假如不想滅絕，請多少「演化」成更好的動物咧……

天使……現在也在觀察人類嗎？

……一定吧。

……小魔熊，好遺憾呢……

嗯……

 # 後 記

　　本書誕生的契機可回溯到35億年前。當時有如化學物質濃湯般混沌的地球上，發生了超越想像的「奇蹟」，正如「貓在鋼琴鍵盤上亂走，竟完美演奏出《小貓舞》」，前所未聞的存在「生命」就此誕生。從此以後，「生命」嘗試了無數的錯誤，再分支演化出各式各樣的「生物」。從其中一支「冒出來」的「動物」……也就是人類中的某人（我），為了敘述從同樣的奇蹟中誕生的「生物」有多麼了不起，並想讓忘記這種奇蹟、甚至把其他生物逼到絕路懸崖邊緣的人類（縱然只有少數）變得好一些，因而製作了這本**《拯救動物大作戰超有愛！圖鑑》**（每本書都有它的歷史呀）。在很長很長的歷史之後，人類這種動物的未來會如何，就靠把這本書讀到最後、且喜歡生物的各位了。

　　對於和我一起製作出這本超爆炸圖鑑的編輯與設計、幫助我的各位、翠鳥大大、支持我的家人和朋友、很遺憾已經離開人世的朋友桃子小姐（我相信她一定也會喜歡這本奇妙的圖鑑），在此致上謝意。最重要的是，要獻給各位讀者，35億年份的「超！」感謝。

沼笠航

參考文獻

- 《鴨嘴獸的博物誌？不可思議的哺乳類的演化及發現故事 生物之謎》（カモノハシの博物誌？不思議な哺乳類の進化と発見の物語 生物ミステリー）浅原正和（技術評論社）
- 《使用語言的動物》（言葉を使う動物たち）エヴァ・メイヤー（柏書房）
- 《以物理解明動物們的驚人技巧：從捕捉花朵電場的蜂，到尾巴是祕密武器的松鼠》（動物たちのすごいワザを物理で解く：花の電場をとらえるハチから、しっぽが祕密兵器のリスまで）マティン・ドラーニ、リズ・カローガー（インターシフト）
- 《跳鼠？最新的飼育（食物、住處、生活、醫療）全都懂》（ザ・トビネズミ？最新の飼育［食餌・住まい・暮らし・医療］が全てわかる［ペット・ガイド・シリーズ］）藤木聡子、鈴木由佳（誠文堂新光社）
- 《受鼠輩支配的島嶼》（ネズミに支配された島）ウイリアム・ソウルゼンバーグ（文芸春秋）
- 《25公克的幸福 我的小刺蝟》（25グラムの幸せ　ぼくの小さなハリネズミ）アントネッラ・トマゼッリ、マッシモ・ヴァケッタ（ハーパーコリンズ・ジャパン）
- 《辛苦的生物：解決問題的超扯演化》（たいへんな生きもの：問題を解決するとてつもない進化）マット・サイモン、ウラジーミル・スタンコビッチ（インターシフト）
- 《狼的祕密生活》（オオカミたちの隠された生活）ジム＆エイミー・ダッチャー（エクスナレッジ？）
- 《狼 其行為、生態、神話》（オオカミ　その行動・生態・神話）エリック・ツィーメン（白水社）
- 《狼群為何認真玩耍》（狼の群れはなぜ真剣に遊ぶのか）エリ・H・ラディンガー（築地書館）
- 《沒有掠食者的世界》（捕食者なき世界）ウイリアム・ソウルゼンバーグ（文芸春秋）
- 《鰻魚 窮究一億年之謎 科學紀實》（うなぎ 一億年の謎を追う 科学ノンフィクション）塚本勝巳（学研プラス）
- 《結果，問題在於能不能吃鰻魚》（結局、ウナギは食べていいのか問題）海部健三（岩波書店）
- 《世界鯊魚圖鑑》（世界サメ図鑑）スティーブ・パーカー（ネコパブリッシング）
- 《海洋獵人展》（海のハンター展）圖錄
- 《塑膠的海洋》（プラスチックのうみ）ミシュル・ロード　ジュリア・ブラットマン（小学館）
- 《挑戰脫離塑膠 永續的地球及世界商業的潮流》（脱プラスチックへの挑戦 持続可能な地球と世界ビジネスの潮流）堅達京子（山と渓谷社）
- 《海洋塑膠 永遠的垃圾的去處》（海洋プラスチック 永遠のごみの行方）保坂直紀（KADOKAWA）

- ●《大哺乳類展2》（大哺乳類展2）圖錄
- ●《狗的能力 知道牠們的了不起才能，正確打交道》（犬の能力 素晴らしい才能を知り、正しくつきあう）（ナショナル　ジオグラフィック別冊）
- ●《身為犬是怎麼一回事？鼻子交給我們的氣味世界》（犬であるとはどういうことか？その鼻が教える匂いの世界）アレクサンドラ・ホロウィッツ（白揚社）
- ●《綠色肉類 培養肉會改變世界》（クリーンミート 培養肉が世界を変える）ポール・シャピロ（日経BP）
- ●《正確答案不只一個 育幼的動物們》（正解はひとつじゃない 子育てする動物たち）長谷川真理子 監修（東京大学出版会）
- ●《媽媽，最後的擁抱——我們懂動物的情感嗎？》（ママ、最後の抱擁——わたしたちに動物の情動がわかるのか）フランス・ドゥ・ヴァール（紀伊国屋書店）
- ●《貓是這樣征服地球的：從人腦到網際網路、生態系》（猫はこうして地球を征服した：人の脳からインターネット、生態系まで）アビゲイル・タッカー（インターシフト）
- ●《貓咪，可愛的殺手？以科學來看對生態系的影響》（ネコ・かわいい殺し屋？生態系への影響を科学する）ピーター・P・マラ、クリス・サンテラ（築地書館）
- ●《國家地理雜誌》日本版2005年6月号／2013年9月号／2015年2月号／2015年5月号／2018年6月号／2019年2月号／2019年5月号／2019年6月号／2019年10月号／2020年5月号／2020年10月号／2021年5月号
- ●《地球博物學大圖鑑》（地球博物学大図鑑）スミソニアン協会 監修、ディヴィッド　バーニー 編集（東京書籍）
- ●《學研的圖鑑LIVE動物》（学研の図鑑LIVE動物）今泉忠明 監修（学研プラス）
- ●《學研的圖鑑LIVE魚》（学研の図鑑LIVE魚）本村浩之 監修（学研プラス）
- ●《動物們的快樂王國》（動物たちの喜びの王国）ジョナサン・バルコム（インターシフト）
- ●《大地的獵人展》（大地のハンター展）圖錄
- ●《拖拉行李的動物們：動物的解放及殘障者的解放》（荷を引く獣たち：動物の解放と障害者の解放）スナウラ・テイラー（洛北出版）

影片

- ●《燃燒的地球》（炎上する地球）
- ●《求生故事～在大自然生存～》（サバイバルストーリー～大自然を生きる～）
- ●《華麗的「被排擠者」》（華麗なる"はみだし者"）
- ●《大地溝帶 非洲的鼓動》（グレート・リフト アフリカの鼓動）
- ●《小小世界》（小さな世界）
- ●《動物 具實力的自然界強者》（アニマル 自然界の実力者たち）
- ●《藍色行星》（ブループラネット）
- ●《鯨魚及海洋生物們的社會》（クジラと海洋生物たちの社会）

索引

3～5畫

叉拍尾蜂鳥 79
大東非鼴鼠 63
大翅鯨 163
天竺鼠 181
牛 177
加州地松鼠 47
犰狳環尾蜥 57
白犀牛 61
白鯨 151

6～8畫

印度跳蟻 111
角鵰 109
赤蠵龜 159
兔耳袋狸 33
刺蝟 93
河狸 97
狗 173
玫瑰毒鮋 139

9～10畫

前口蝠鱝 155
幽靈蜘蛛 101
珊瑚 131
穿山甲 195
紅袋鼠 37

食火雞 91
食蟹猴 81
家犬 173
家貓 199
浪人鰺 145
海獺 123
狼 115
真烏賊 127
茶腹鳾 85
馬加平尾虎 103
馬來猴 81
馬賽長頸鹿 53
鬼蝠魟 155

11～12畫

條紋馬島蝟 107
眼鏡凱門鱷 41
蛇鷲 59
袋熊 29
斑點鬣狗 67
犀牛 61
短尾矮袋鼠 31
黑尾草原犬鼠 .. 43
黑狐猴 105
黑背信天翁 183
黑犀牛 61
黑猩猩 191

13～15畫

獅子 67
漁貓 75
瑰色楓葉蛾 77
蜜蜂 187
緣邊海天牛 153

16畫以上

羱羊 51
貓 199
鋸鰩 135
鴞鸚鵡 87
鴨嘴獸 25
鴯鶓 35
蟬形齒指蝦蛄 ..137
雙髻鯊 147
響尾蛇 47
鰻 141
貛 93

國家圖書館出版品預行編目

拯救動物大作戰超有愛！圖鑑 / 沼笠航著；張東君譯. -- 初版. --
　　臺北市：遠流出版事業股份有限公司, 2023.06
　　　面；　　公分.
　　譯自：ぬまがさワタリのゆかいないきもの超図鑑
　　ISBN 978-626-361-085-9（平裝）

　　1.動物圖鑑 2.通俗作品

385.9　　　　　　　　　　　　　　　112004706

拯救動物大作戰超有愛！圖鑑

作者/沼笠航
譯者/張東君
封面暨內頁設計/吳慧妮（特約）
美術主編/趙璦
出版六部總編輯/陳雅茜

發行人/王榮文
出版發行/遠流出版事業股份有限公司
地址/臺北市中山北路一段11號13樓
電話/02-2571-0297　傳真/02-2571-0197
郵撥/0189456-1
遠流博識網/www.ylib.com
電子信箱/ylib@ylib.com
著作權顧問/蕭雄淋律師
ISBN 978-626-361-085-9
2023年6月1日初版

吃飯
吃飯

定價‧新臺幣480元

Original Japanese title: NUMAGASA WATARI NO YUKAI NA IKIMONO CHOU ZUKAN
Copyright © 2022 Watari Numagasa
Original Japanese edition published by Seito-sha Co., Ltd.
Traditional Chinese translation rights arranged with Seito-sha Co., Ltd. through The English
Agency (Japan) Ltd. and AMANN CO., LTD.
Traditional Chinese translation copyright © 2023 by Yuan-Liou Publishing Co., Ltd.

日文版設計/村口敬太
日文版協力編輯/三橋太央（OFFICE303）